杉山 朋的手编小物

BEST SELECTION

〔日〕杉山 朋　著
如鱼得水　译

河南科学技术出版社
·郑州·

目录

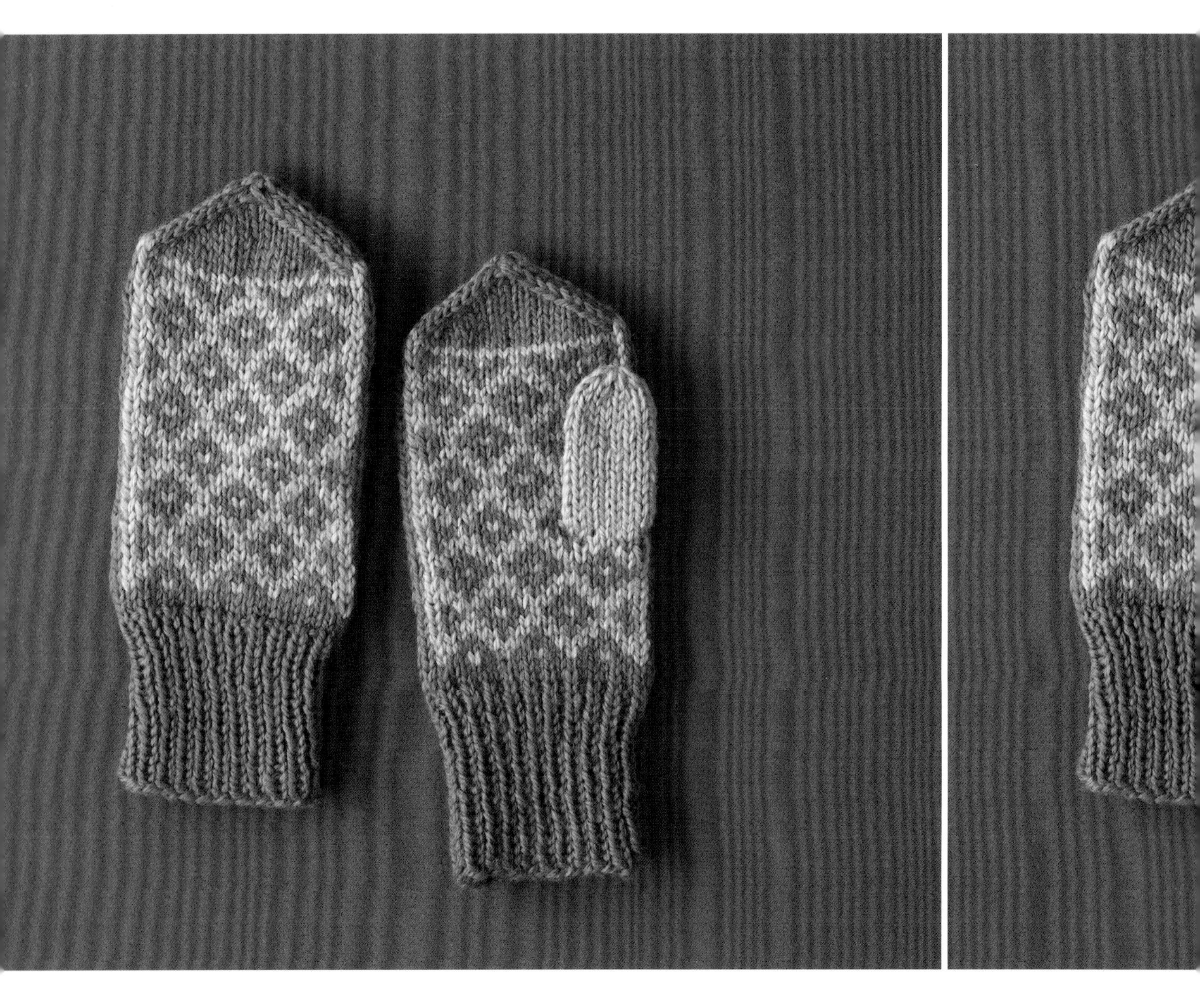

菱形图案连指手套
菱形图案露指手套

一个个菱形花样组成的简单图案，
很适合初次尝试配色花样的人。
露指手套是等针直编的。

编织教程：**p.40**（露指手套）
编织方法：**p.64**（连指手套）
使用线：粗~极粗毛线

小鸟图案连指手套

手腕装饰了荷叶边，很可爱。
素雅的色调给人沉稳的感觉，
用明亮的颜色编织会有迥然不同的效果。

编织方法：**p.63**
编织要点：**p.52**
使用线：粗毛线

雪花图案的毛袜

雪花图案的毛袜，
使用了稳重的配色和罗纹针编织的条纹。
将配色颠倒过来，编织效果应该也很棒。

编织方法：p.66
使用线：和麻纳卡 Korpokkur

传统花样的帽子
传统花样的手套

北欧风情的传统花样的帽子和手套，
虽然使用的是不同的线材和花样，
只要它们的色调一致，
看起来就很协调。

编织方法：p.68（帽子）、p.70（手套）
使用线：和麻纳卡 Men's Club Master（帽子）、
和麻纳卡 Sonomono Tweed（手套）

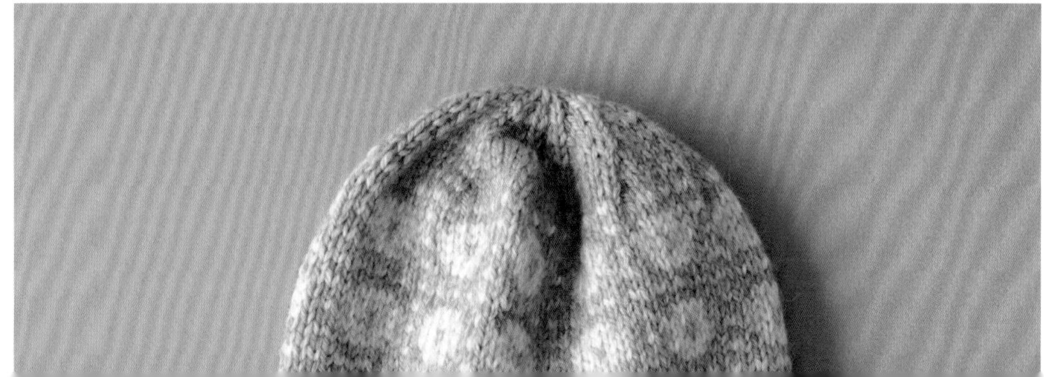

森林手套

树木图案的连指手套，
还可以连在围巾上一起使用。
手套的腕部正好遮住围巾上的扣眼，
设计得很巧妙。

编织方法：**p.72**
毛线：和麻纳卡 Sonomono（粗）

花朵手套

使用明媚的颜色，
在手背上编织两朵花，
温暖地度过寒冷的冬季。

编织方法：**p.78**
使用线：粗毛线

松鼠手套

在森林中穿梭的松鼠，
用褐色线和原白色线编织，
手套适合大人使用。

编织方法：p.75
使用线：和麻纳卡 Aran Tweed

不同配色的绒球帽子

经典的绒球帽子，
用不同的颜色编织给人的印象也截然不同。
绒球也用上配色，很妙。

编织方法：**p.80**
使用线：和麻纳卡 Men's Club Master

儿童圆帽

使用红色、蓝色等配色，
编织条纹等个性图案，
再配上绒球，
看起来有几分活泼的气息。

编织方法：p.82
使用线：和麻纳卡 Men's Club Master

宝宝手套

大人手套常用的几何形花样，
使用活泼的配色就变得适合孩子了。
选择含有腈纶成分的毛线，
增加了耐磨性，也适合小孩使用。

编织方法：p.84
使用线：粗毛线

充满个性的帽子

反拉针编织的配色花样看起来毛茸茸的，不仅平添了几分可爱，还加强了保暖效果。可以换色编织，也可以加上护耳，大家可以根据喜好编织个性化的帽子。

编织方法：p.86
编织要点：p.54
使用线：和麻纳卡 Men's Club Master

A
B
C
D

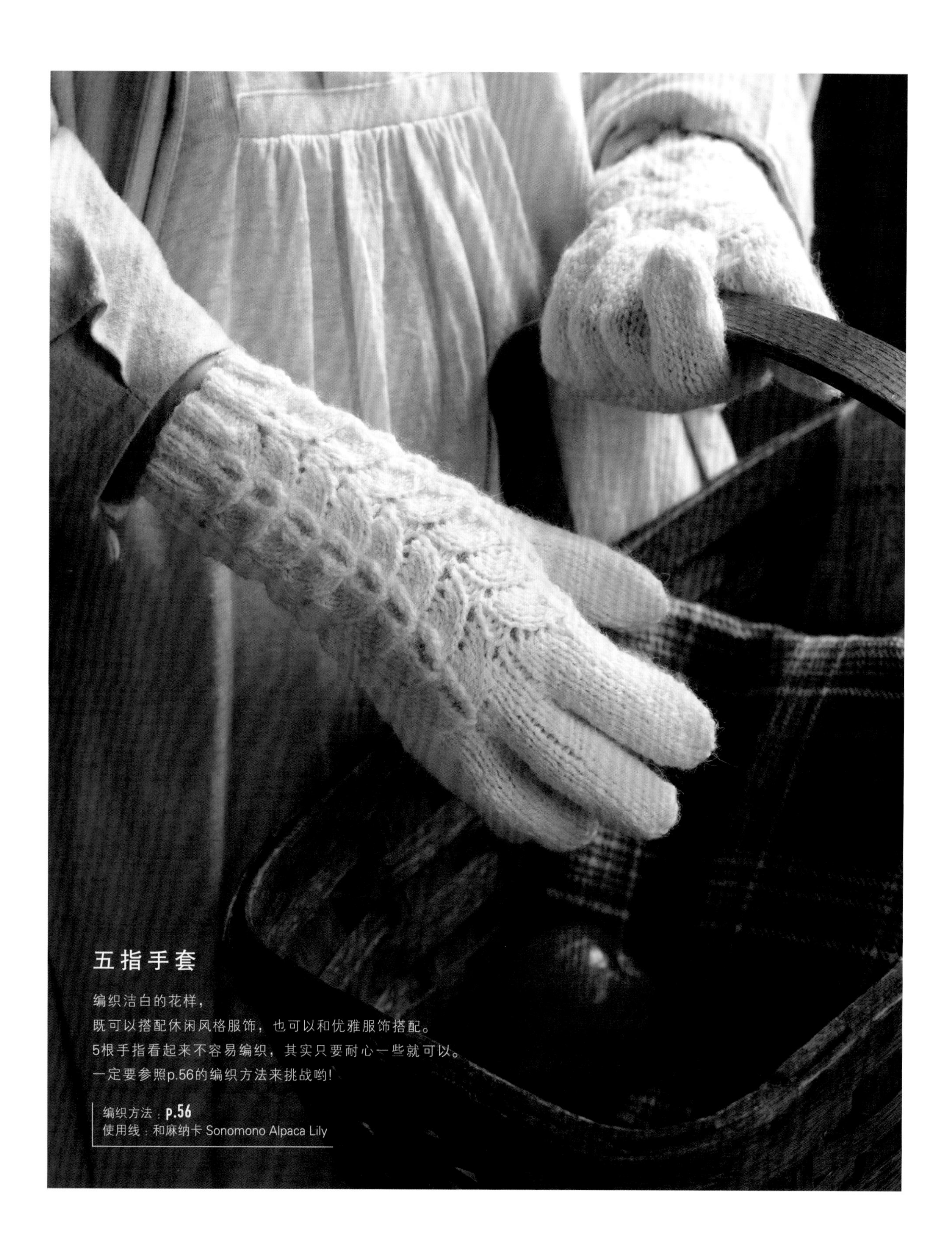

五指手套

编织洁白的花样，
既可以搭配休闲风格服饰，也可以和优雅服饰搭配。
5根手指看起来不容易编织，其实只要耐心一些就可以。
一定要参照p.56的编织方法来挑战哟！

编织方法：**p.56**
使用线：和麻纳卡 Sonomono Alpaca Lily

钻石花样的袜子

袜背上设计的钻石花样是亮点。
为了加固袜头和袜跟，
用同色线交替着编织“配色”花样。

编织方法：**p.88**
使用线：和麻纳卡 Sonomono Tweed

拉脱维亚风连指手套

拉脱维亚是波罗的海三国之一，
用素雅的颜色编织传统花样。
手腕使用单罗纹针，弹性好。

编织方法：**p.90**
使用线：和麻纳卡 纯毛中细

树叶双层手套

树叶花样是单独织好后缝上去的。
手套是两层的，很暖和，
下雪天也可以放心戴着。

编织方法：p.92
使用线：和麻纳卡 Sonomono（粗）

阿兰花样的帽子

圆滚滚的帽子看着很可爱。
交替着编织两种花样，呈条状排列。
帽顶上装饰的小尾巴也很可爱。

编织方法：**p.94**
编织要点：**p.54**
使用线：和麻纳卡 Sonomono Alpaca Wool（中粗）

黄色围脖

用明亮的颜色编织的简单围脖，
很容易成为服饰搭配的亮点。
正反面的花样不一样，
可以享受到更多乐趣。

编织方法：**p.95**
使用线：粗毛线

尖顶帽子

接着双罗纹针织片编织交叉的下针，
形成略显方正的麻花花样。
稍微编织得长一些，成为一顶尖顶帽子。

编织方法：p.96
使用线：和麻纳卡 Exceed Wool L（中粗）

老鼠和刺猬手套

这是一款儿童佩戴的小老鼠手套，
看起来萌萌的！
小刺猬手套需要缠线制作毛条。

编织方法：p.98
编织要点：p.55
使用线：和麻纳卡 Sonomono Alpaca（中粗）、面部刺绣用中粗毛线

儿童波点帽子

波点花样是用滑针织出来的，
比想象中的简单。
灰米色圈圈毛线密密麻麻地点缀在帽子上，
看着很有意思。

编织方法：**p.97**
编织要点：**p.54**
使用线：和麻纳卡 Sonomono Alpaca Wool、Sonomono Loop

北欧风情连指手套

离近一点看，再离远一点……
仔细看，是不是感觉上面的花样是立体的？
就像排列着一个个小箱子，
很有趣。

编织方法：p.100
使用线：芭贝 Shetland

配色花样的帽子

这款双色编织的配色花样帽子，
很快就可以完成。
Aran Tweed毛线编织的帽边，
星星点点出现的颜色也是亮点。

编织方法：**p.102**
使用线：和麻纳卡 Aran Tweed

白熊手套

手套上白熊的神情很可爱。
手掌和手背的花样相同，很容易编织。
拇指尖上的刺绣图案，就像是白熊脚趾，好可爱！

编织教程：p.44
使用线：Richmore Percent

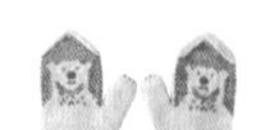

水滴花样的帽子

帽子上圆乎乎的花样，
就像滴滴答答的水滴，很可爱。
水滴花样是1针放5针的加针，
很容易编织！

编织方法：**p.103**
编织要点：**p.50**
使用线：和麻纳卡 Sonomono Alpaca Wool（中粗）

黄色尖顶帽子

麻花花样的尖顶帽子，
非常适合搭配其他服饰。
为了让帽檐折回时不露出反面的花样，
制作时稍微下了一点功夫。

编织方法：**p.104**
编织要点：**p.51**
使用线：芭贝 Shetland

花格袜子

配色编织的菱形花格袜子，
无论是两种颜色，还是多种颜色，
都非常漂亮。
袜跟的编织方法和p.37的袜子相同。

编织方法：p.106
编织要点：p.52
使用线：Richmore Percent

菱形花样袜子

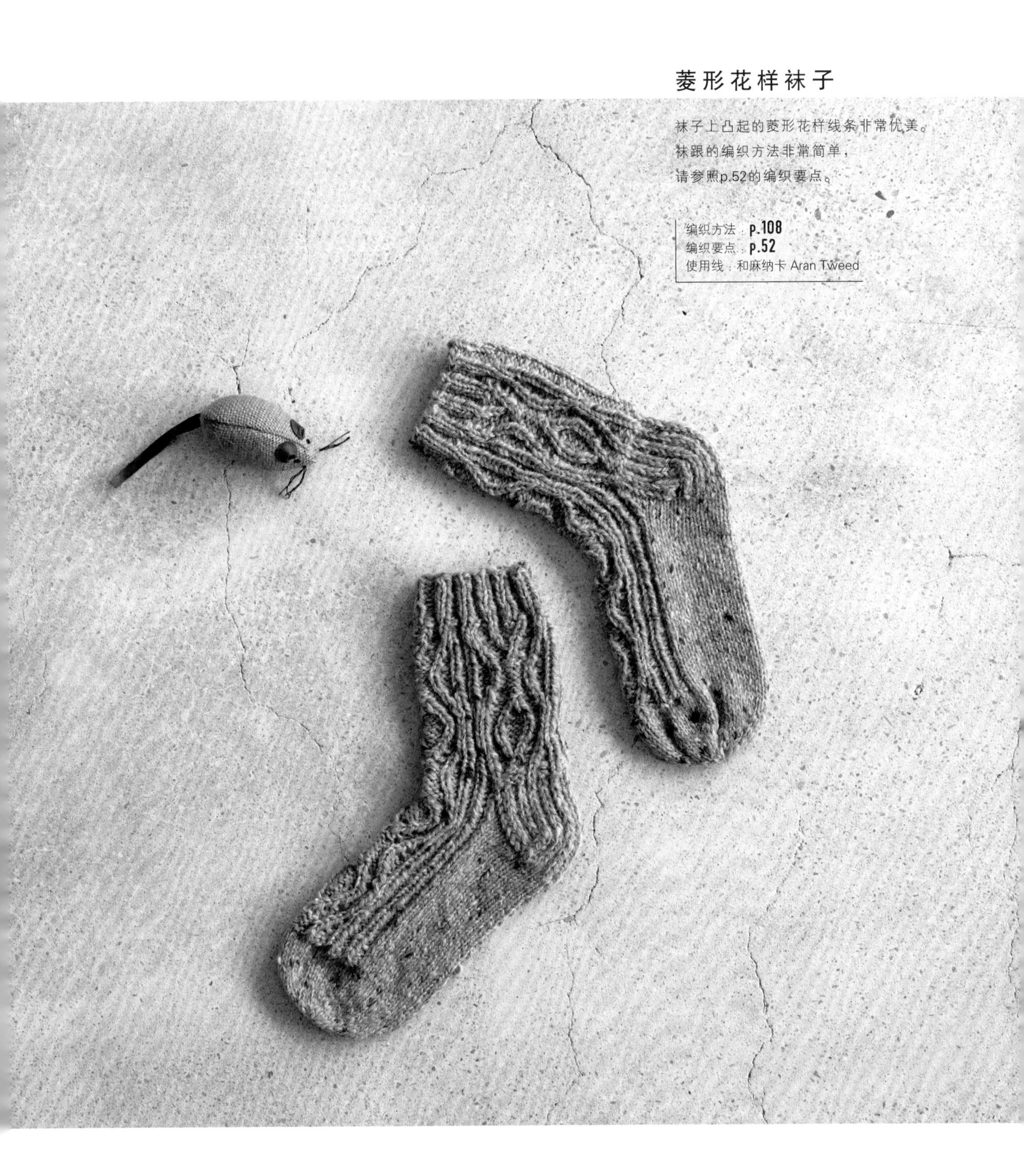

袜子上凸起的菱形花样线条非常优美。
袜跟的编织方法非常简单，
请参照p.52的编织要点。

编织方法：**p.108**
编织要点：**p.52**
使用线：和麻纳卡 Aran Tweed

狐狸围巾

跃然而立的小耳朵，
还有垂下来的小尾巴，都很可爱。
虽说是儿童款，
大人围起来也很不错。

编织方法：**p.110**
使用线：Richmore Spectre Modem

儿童帽子和儿童露指手套

雪花花样的帽子和露指手套，
很适合活泼好动的孩子。
编织一套，
戴上很好看。

编织方法：**p.112、p.113**
使用线：Richmore Percent

编织教程

菱形图案露指手套的编织方法

只需要等针直编，很简单。
作品很适合用来练习配色花样，新手一定要尝试一下。

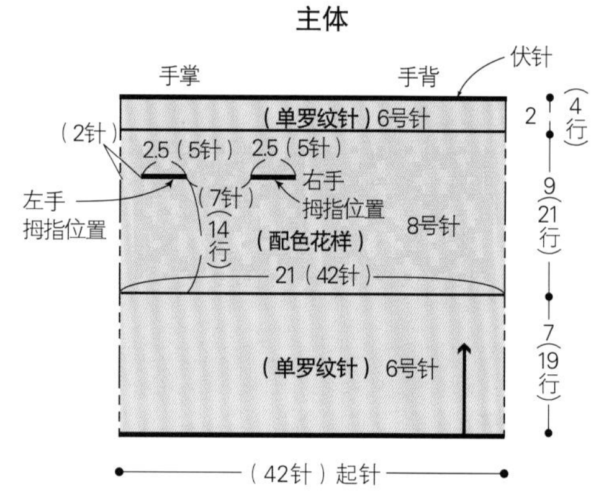

※编织时右手和左手的拇指位置不同。
※本书图中表示长度的数字单位为厘米（cm）。

准备

粗~极粗毛线
米色40g、蓝色10g
（推荐用线：和麻纳卡 Spectre Modem）
棒针（5根短棒针）8号、6号
记号圈（如果有的话准备1个）、毛线缝针

成品尺寸

掌围21cm，长18cm

编织密度

10cm×10cm面积内：配色花样20针、23行

编织要点

- 手指起针42针，环形编织19行单罗纹针。
- 换针，用横向渡线的方法编织21行配色花样，拇指位置在第15行做伏针收针，第16行编织卷针加针留出孔（伏针、卷针加针均使用蓝色线）。
- 然后编织4行单罗纹针。
- 编织终点和最终行编织相同的针目做伏针收针。
- 编织时右手和左手的拇指位置不同。

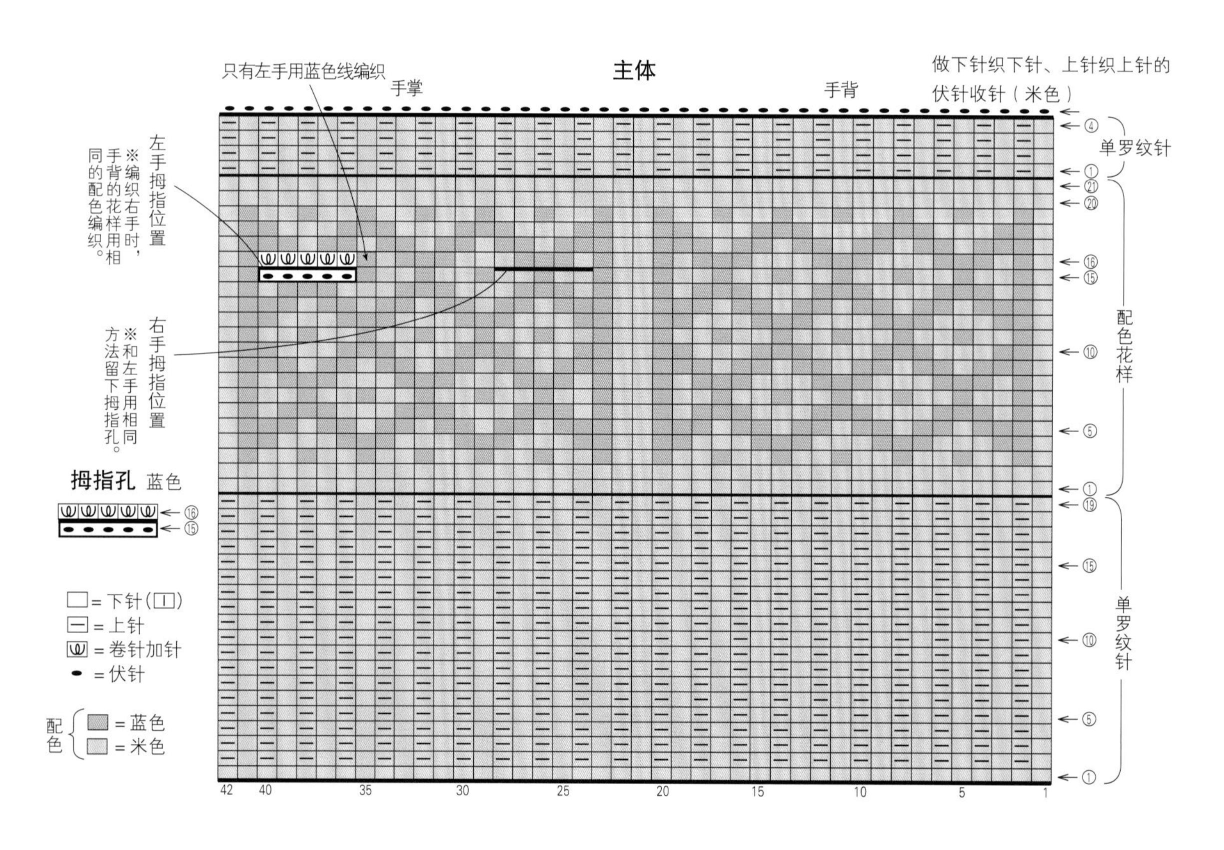

※图示为手套左手的编织方法。
右手改变拇指位置，按照相同方法编织。

起针

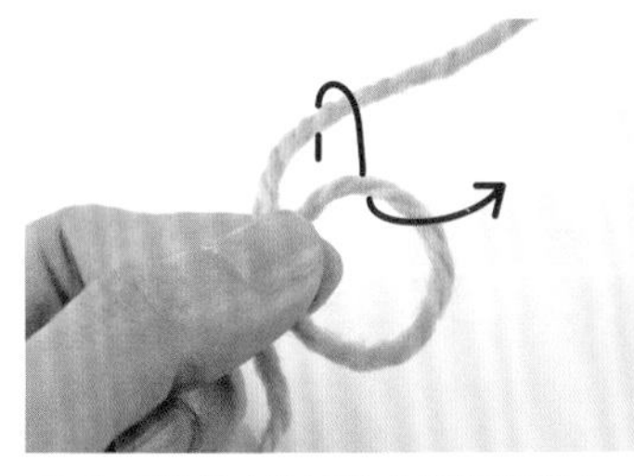

01 用最基本的“手指挂线起针”的方法开始编织。线头留出编织长度的3倍长，做一个线圈，左手捏着交点。

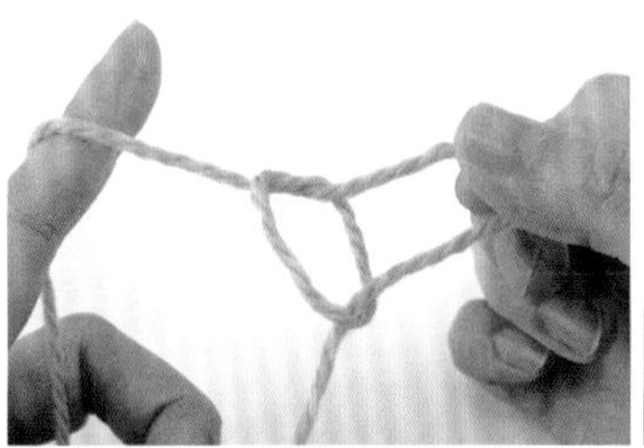

02 将线从线圈中拉出。

03 将2根棒针（6号）插入拉出的线圈，左手拉住2根线使其收紧。

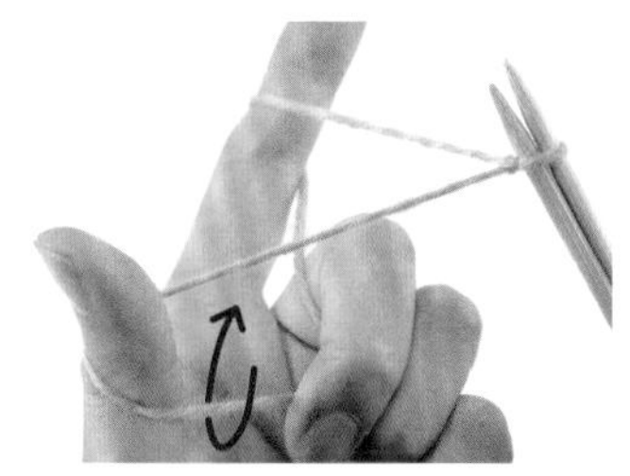

04 这就完成了第1针。将线头的线挂在拇指上，线团的线挂在食指上，如箭头所示用棒针挑起线。

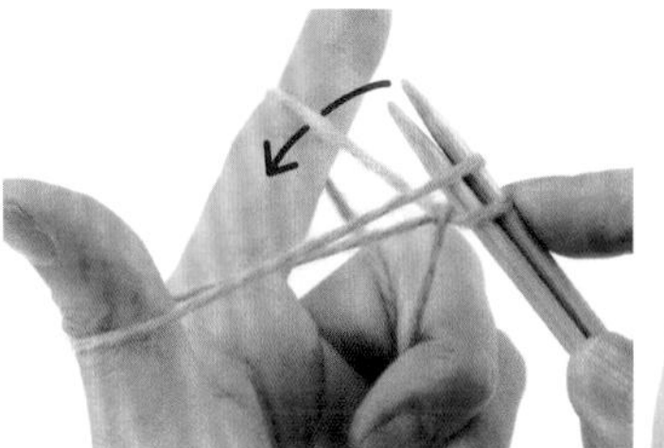

05 继续如箭头所示用棒针挑起线。

06 将棒针插入拇指上挂的线中间。

07 抽出拇指，将线拉紧。

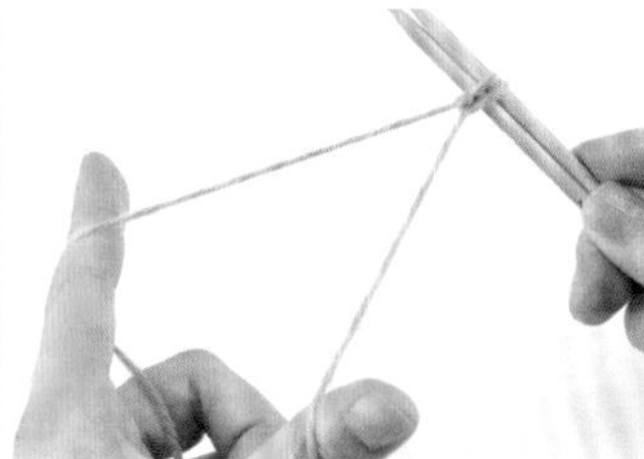

08 第2针完成了。

09 重复步骤04～08，起42针。这是第1行。

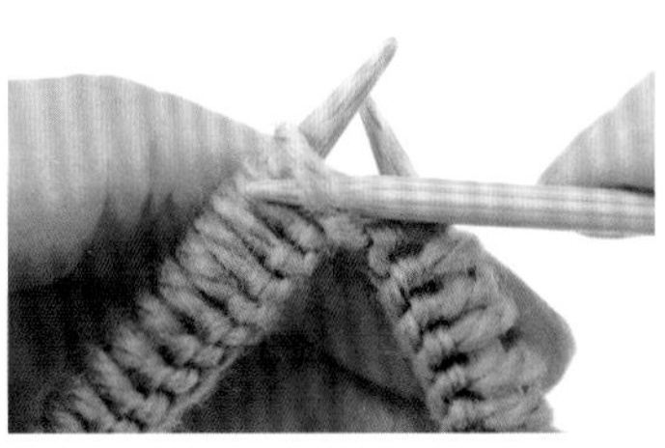

10 抽出1根棒针，将针目平均分到3根棒针上。

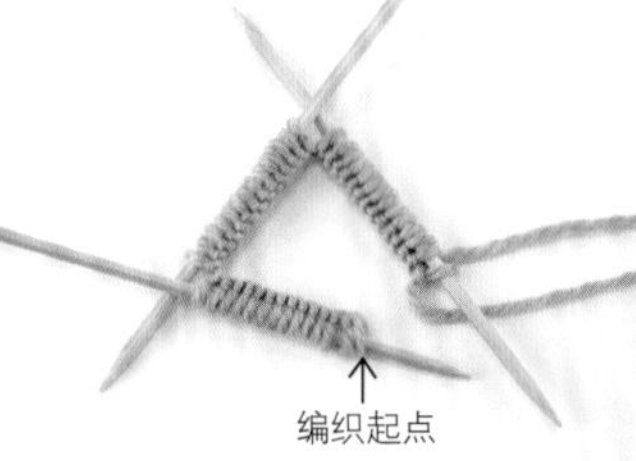

11 每根棒针上有14针。一定要确保针目没有发生扭转（图中的起针是反面朝上的状态）。

编织单罗纹针

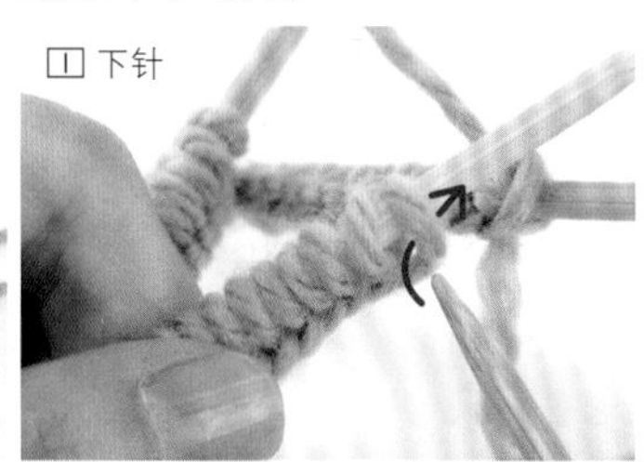

12 让起针的正面朝外整理好针目，如箭头所示从针目左侧将棒针插入第1针。

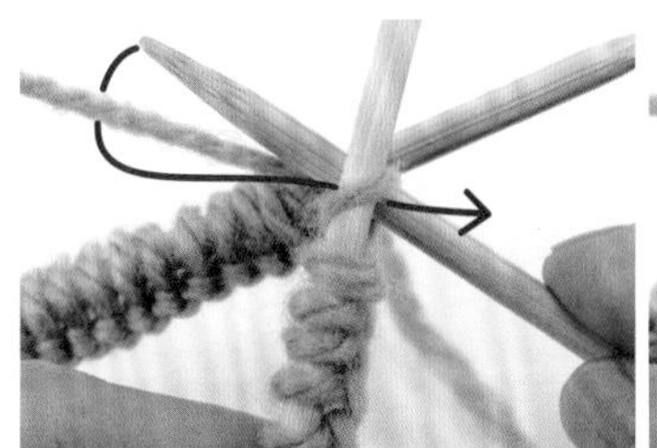

13 挂线并引拔出。

14 完成了1针下针。此时需要注意，起针的最后1针和第2行的编织起点之间不要留下空隙。

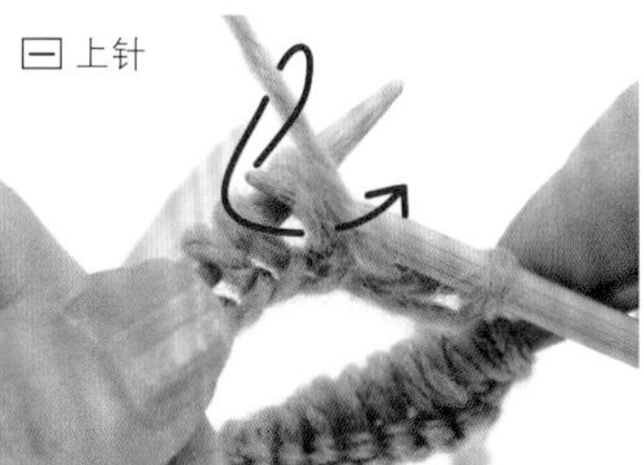

15 第2针按照图示从右侧入针，挂线并拉出。

16 完成了1针上针。

17 按照步骤12～16的方法重复编织下针和上针，第2行编好了。

18 19行环形编织的单罗纹针编织完了。

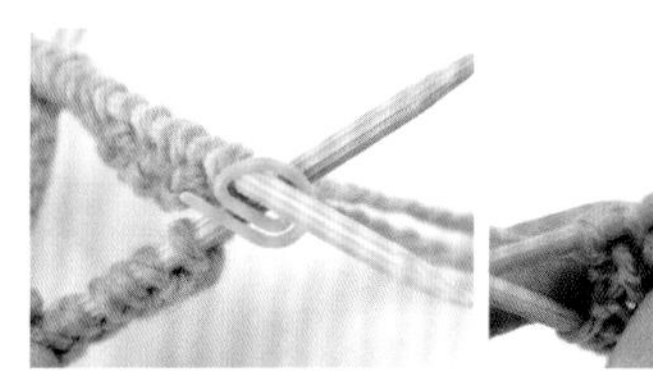

小知识

编织终点在行的交界处用记号圈做个记号，会很方便。如果一直在同一个地方换行，那里的针目会出现空隙，所以最好错开两三针换行编织，这样针目会比较漂亮。

编织配色花样

19 换为8号针。第1~2行用底色线（米色）编织下针。※配色花样全部用下针编织。

20 用底色线（米色）编好了2行。

21 第3行先用底色线（米色）编织1针，然后将配色线（蓝色）挂在食指上（配色线在上，底色线在下）。

22 第2针将底色线放在下面休针，用配色线（蓝色）编织1针。

23 用底色线（米色）和配色线（蓝色）分别编织了1针。

24 第3针将配色线（蓝色）放在上面休针，用底色线（米色）编织。

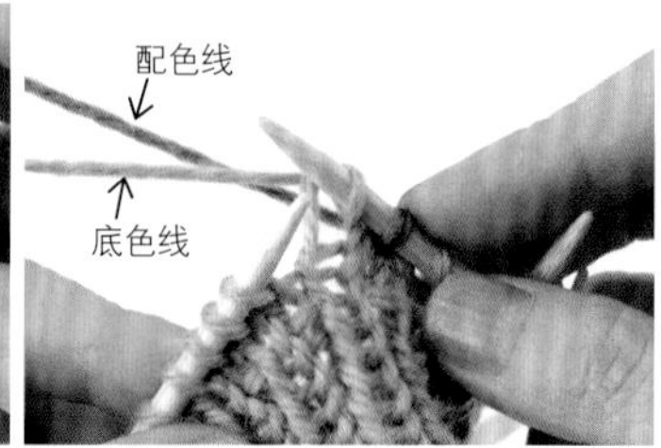

25 第3针编好了。编织配色花样时，注意不要让线在反面缠绕在一起，保持配色线在上、底色线在下的状态，用手指挂线编织。

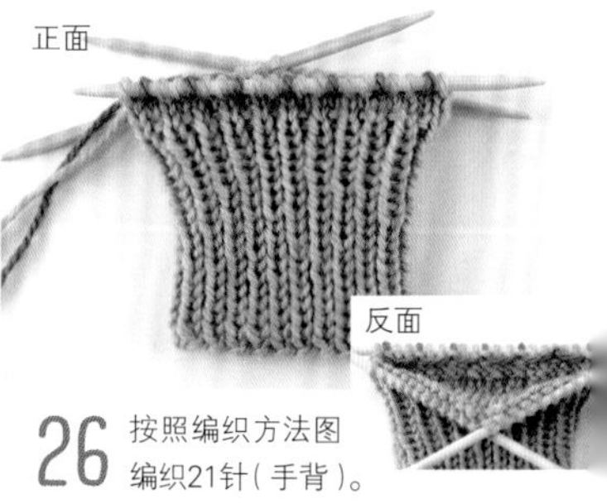

26 按照编织方法图编织21针（手背）。编织时要确认反面渡线的长度和针目的宽度相同。

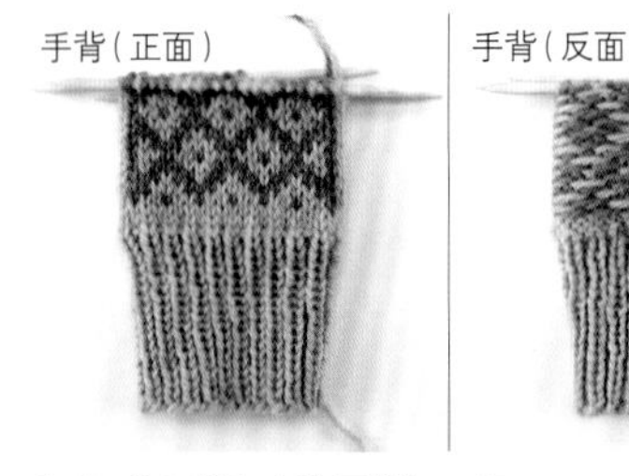

27 按照编织方法图编织14行。

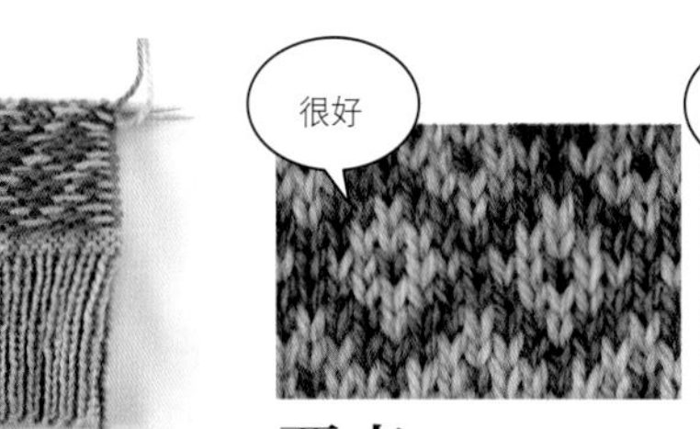

要点

编织配色花样要注意拉线的力度。反面渡线如果拉得过松或过紧，针目就会不整齐，花样就会不漂亮。编织时，一定要保持均匀的力度拉线。

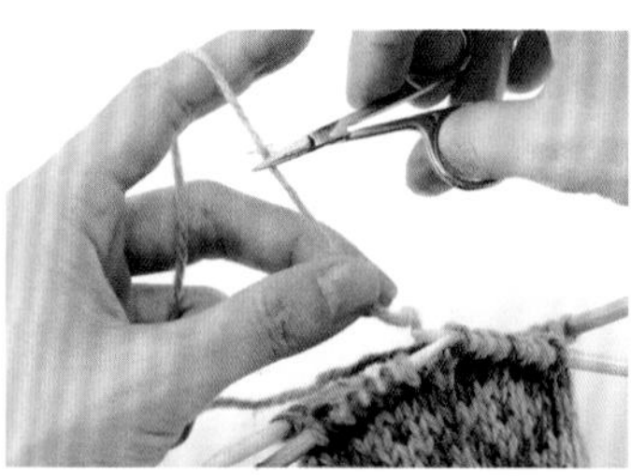

28 编织至第15行拇指位置前面时，底色线（米色）留下10cm左右剪断。

编织拇指孔

● 伏针收针

29 第15行拇指孔的第1针编织下针。

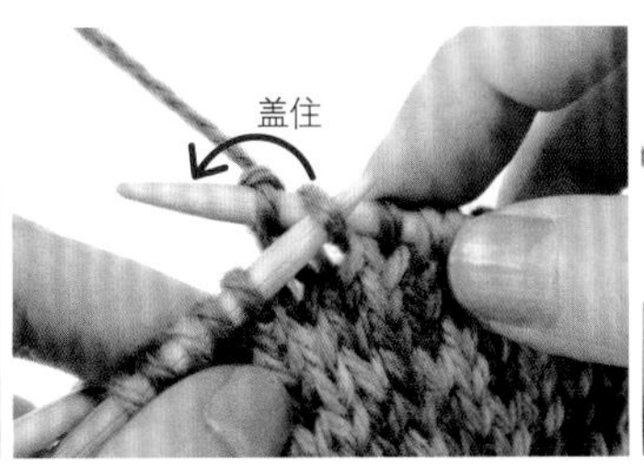

30 第2针也编织下针，让右边的第1针盖住第2针。

31 1针伏针完成了。

32 用同样的方法编织4针伏针，然后继续编织第15行剩下的针目。

卷针加针

33 第16行编织至拇指位置前面时，将底色线（米色）留下10cm左右剪断，然后将蓝色线挂在食指上，按照图示插入棒针，抽出食指。

34 按照同样方法编织5针卷针加针。继续用米色线编织第16行剩下的针目。

35 编织第17行，在前一行卷针加针的地方挑针，按照编织方法图中的配色编织下针。

36 编织第17行，拇指孔编好了。

37 继续按照图示编织配色花样，图为编织至第21行的样子。

38 换为6号针，编织4行单罗纹针。

伏针收针

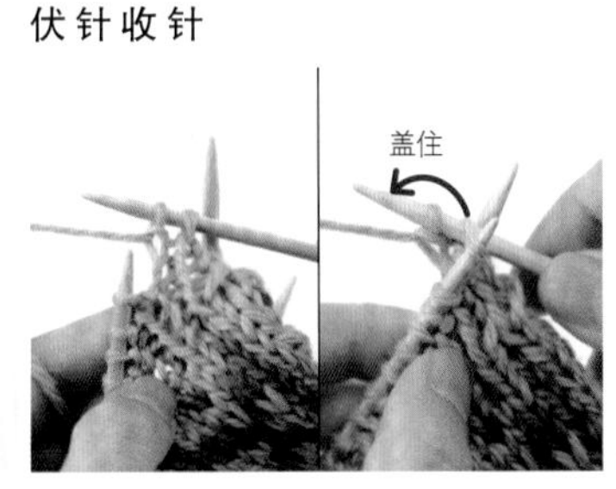

39 编织终点和最终行的编织方法相同（下针织下针、上针织上针），做伏针收针（伏针收针的要领和步骤29～32的伏针的编织要领相同）。

40 最后留下15cm左右的线头剪断，最后一针按照图示钩织引拔针。

处理线头

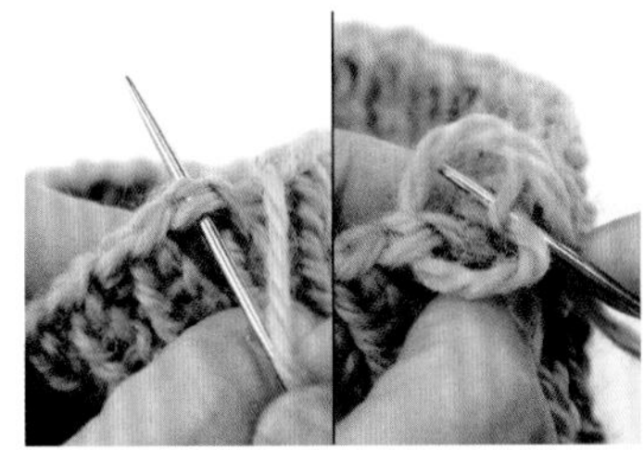

41 将编织终点的线头穿在毛线缝针上，插入伏针收针的第1针，然后继续回到编织终点的针目。

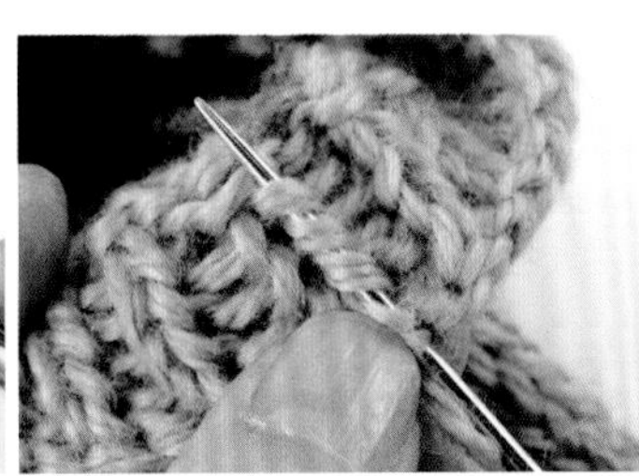

42 竖着插入织片反面的针目，剪断。

43 编织起点的线头也穿在毛线缝针上，插入编织起点的针目，按照步骤41、42的方法处理线头。

44 中途加线、剪线的线头，藏在反面同样颜色的针目中，注意线头不要露到正面。

白熊手套的编织方法

p.32的可爱的白熊手套，制作要点在于白熊图案和拇指的编织方法。中间的白色部分，是交替着用2根原白色线编织的。

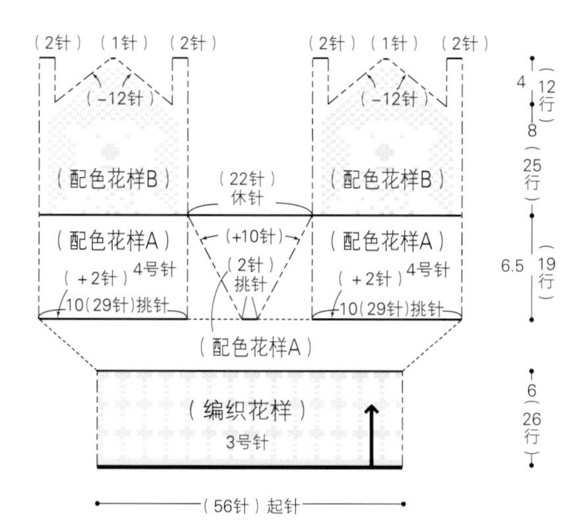

准备

Richmore Percent 原白色(123)50g、绿色 (107)15g

棒针 (5根短棒针) 4号、3号

成品尺寸

掌围20cm，长24.5cm

编织密度

10cm × 10cm面积内 : 配色花样A和B 29针、30.5行

编织要点

- 手指起针56针，环形编织26行编织花样。
- 换针，用横向渡线的方法编织配色花样。
- 参照图示加针，在拇指位置休针22针。
- 主体的指尖参照图示减针，最后剩余的10针穿线2圈收紧。
- 将拇指处的针目分在3根棒针上，用横向渡线的方法编织配色花样，从主体侧面的渡线上挑1针，共计23针，环形编织。指尖按照图示减针，最后剩下的针目穿线2圈收紧。
- 在拇指指尖做刺绣。

拇指

(配色花样A) 4号针

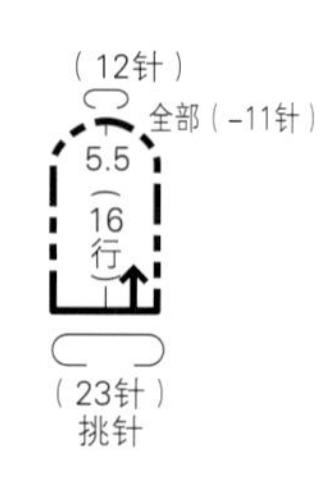

拇指

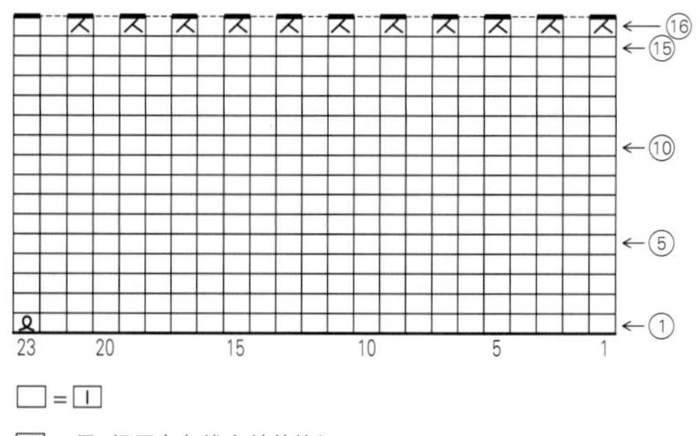

成品

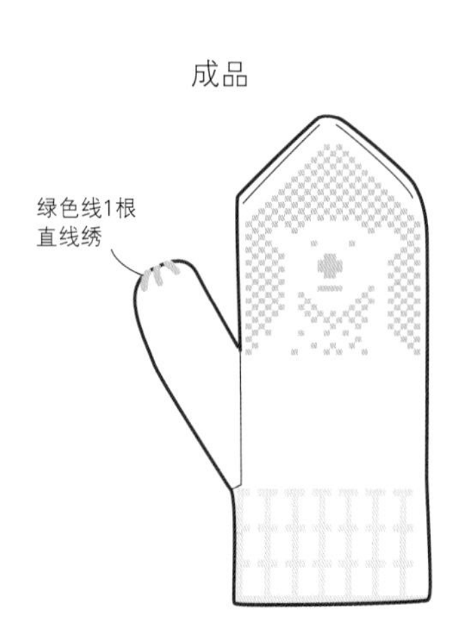

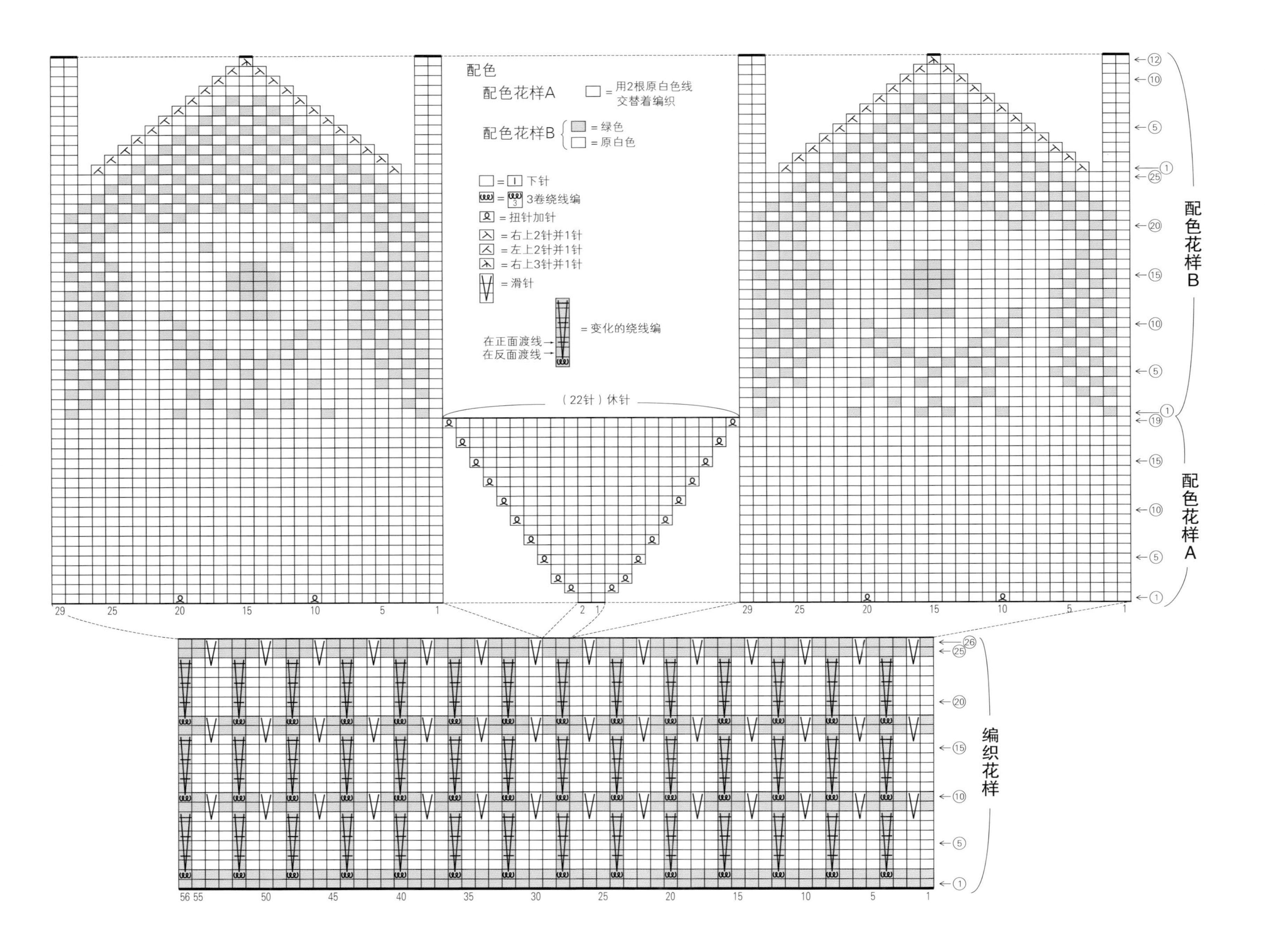

配色
配色花样A
= 用2根原白色线 交替着编织
配色花样B
= 绿色
= 原白色
= 下针
= 3卷绕线编
= 扭针加针
= 右上2针并1针
= 左上2针并1针
= 右上3针并1针
= 滑针
在正面渡线
在反面渡线
= 变化的绕线编
（22针）休针
配色花样B
配色花样A
编织花样

起针

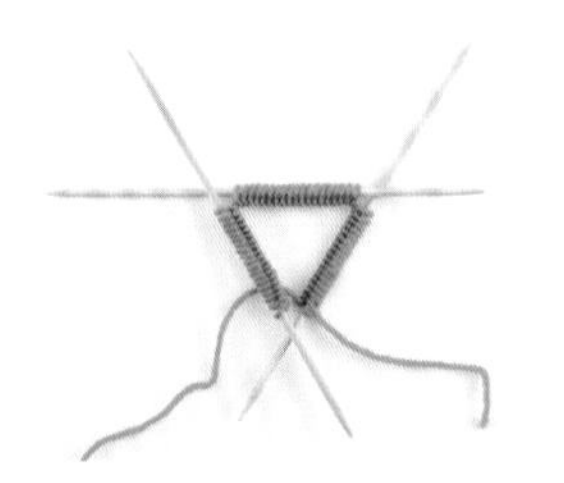

01 用绿色线起针。用手指挂线起针的方法起56针，分在3根棒针上。这是第1行。

编织手腕的花样

02 编织第2行时先要确认第1行的针目没有发生扭转，然后编织3针下针。

03 将棒针插入第4针，挂3次线。

04 从针目中拉出。

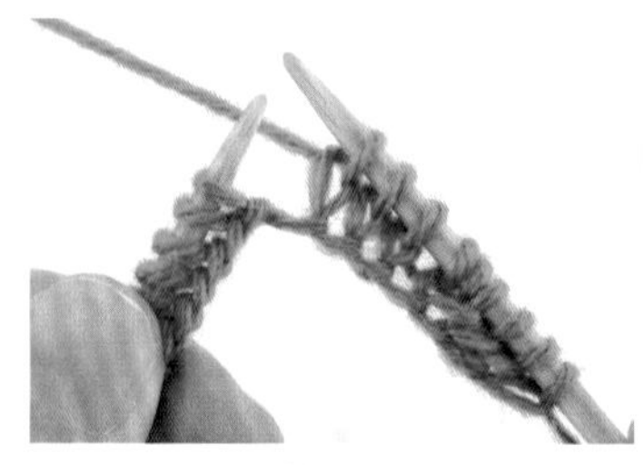

05 重复步骤02～04到最后一针，编织终点用记号圈做个记号，这样行的交界就一目了然了。

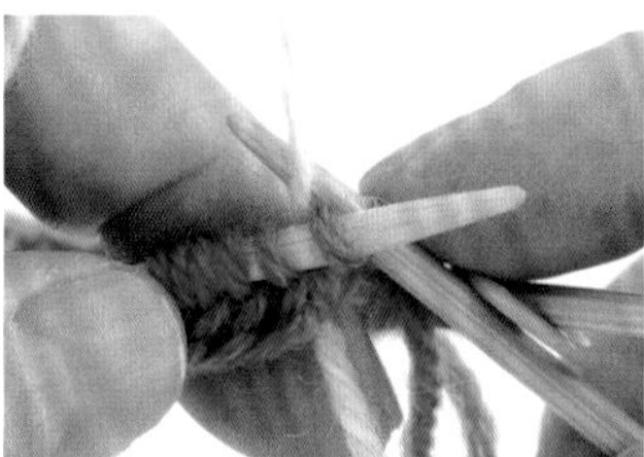

06 第3行将绿色线休针，用原白色线编织。

07 首先编织3针下针。

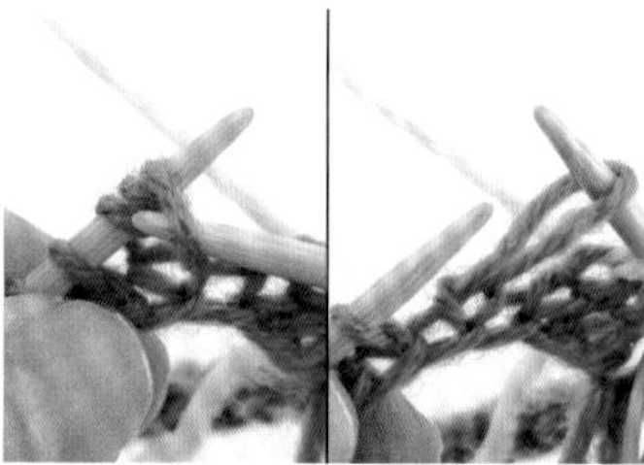

08 第4针将棒针插入前一行的3针卷针，从左棒针上取下。针目呈拉长状态。

09 后面的3针继续编织下针。

10 然后将棒针插入前一行的3针卷针，按照步骤08的方法编织。

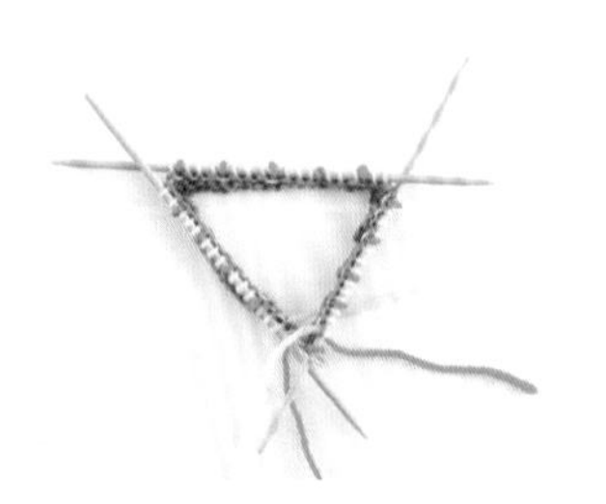

11 重复步骤09、10到编织行的终点。

12 第4行先编织3针下针。

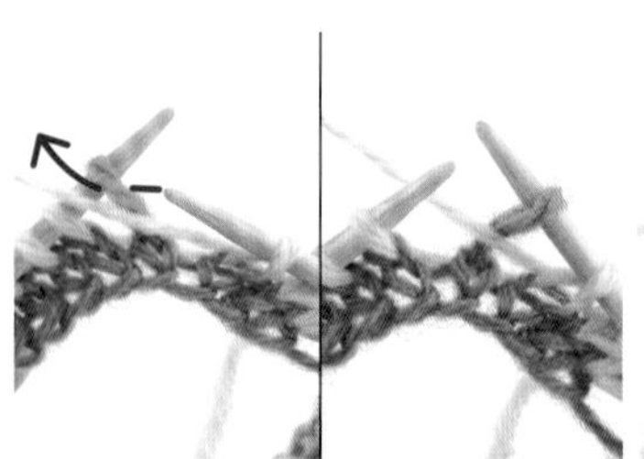

13 将线放在织片前面，如箭头所示入针，移至右棒针。

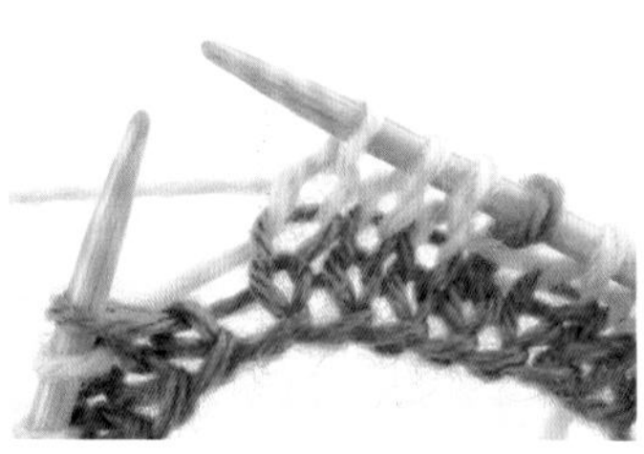

14 重复步骤12、13到编织行的终点。

15 按照编织方法图编织到第8行，第9行用休针的绿色线编织。换线时，注意让线在反面交叉以留下平整的渡线。

16 原白色线休针，用绿色线编织，先编织1针下针。

移过来

17 下一针不编织直接移至右棒针（滑针）。

18 重复编织3针下针、1针滑针直至编织行的终点。

19 按照编织方法图编织26行，线头留15cm左右剪断。

编织配色花样A

20 配色花样A的第1行，交替用2根原白色线编织。

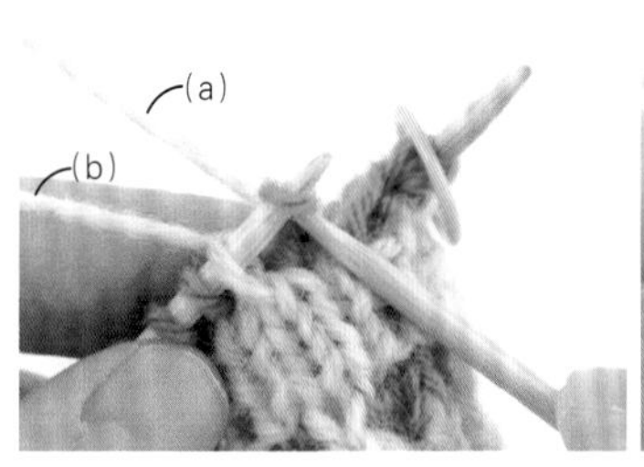

21 首先用休针的线（a）编织下针。

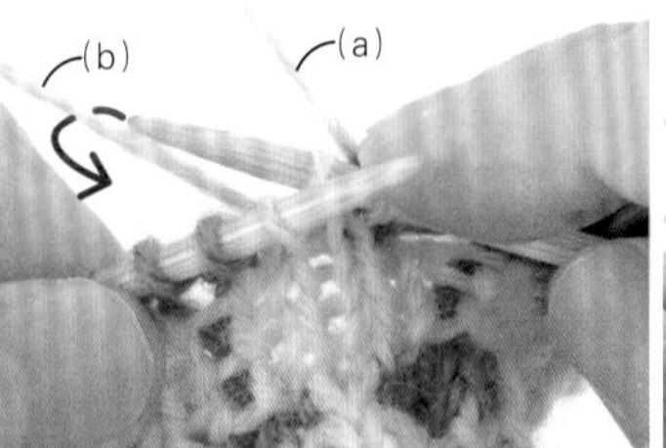

22 然后用新线（b）编织下针。后面继续保持（a）线在上、（b）线在下的状态编织。

23 编织好了9针。

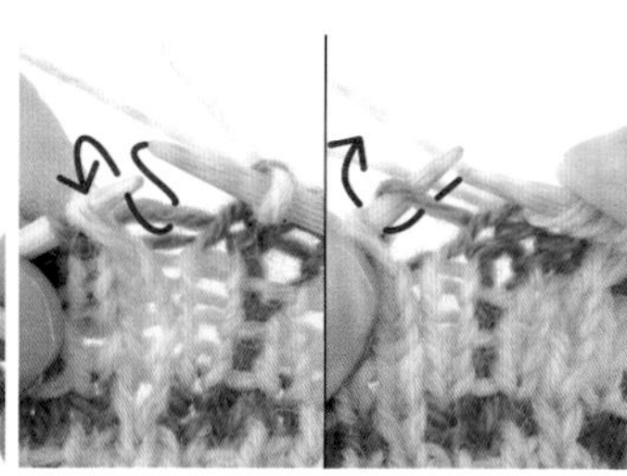

24 下一针按照图示用右棒针挑起渡线，挂到左棒针上，扭转着针目编织下针。

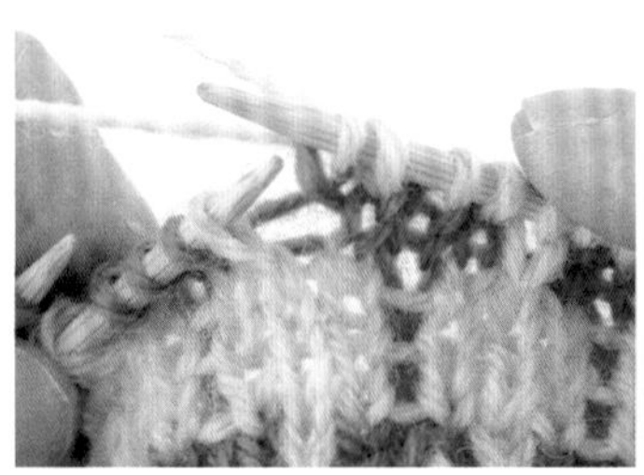

25 针目扭转了（扭针加针）。增加了1针。

26 继续按照图示编织29针。

编织拇指

27 这里放一个记号圈。

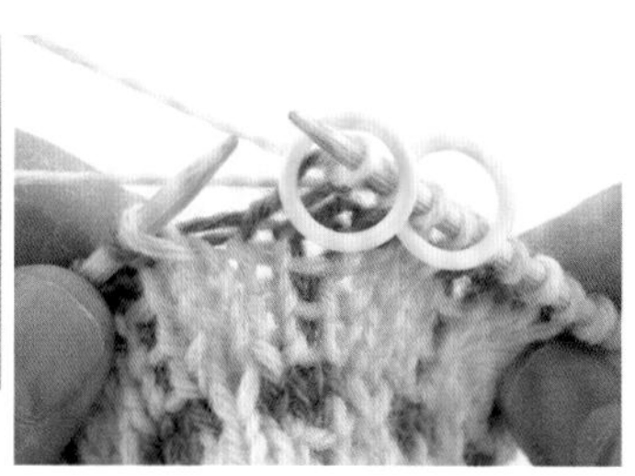

28 编织2针后再放一个记号圈。

29 继续按照图示编织到行的终点。

30 第2行编织配色花样A到第1个记号圈处。

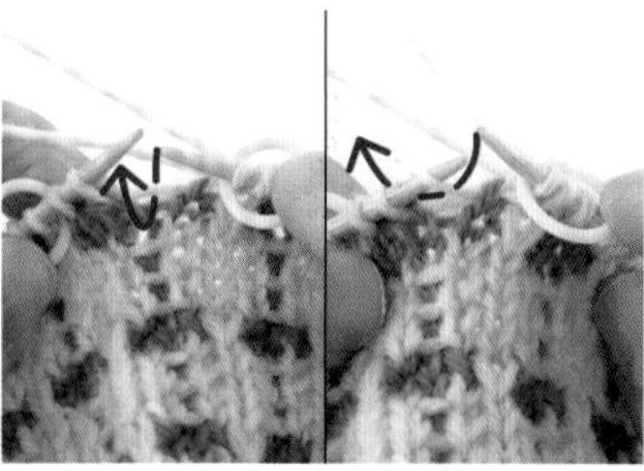

31 将记号圈移至右棒针，挑起渡线编织扭针加针。

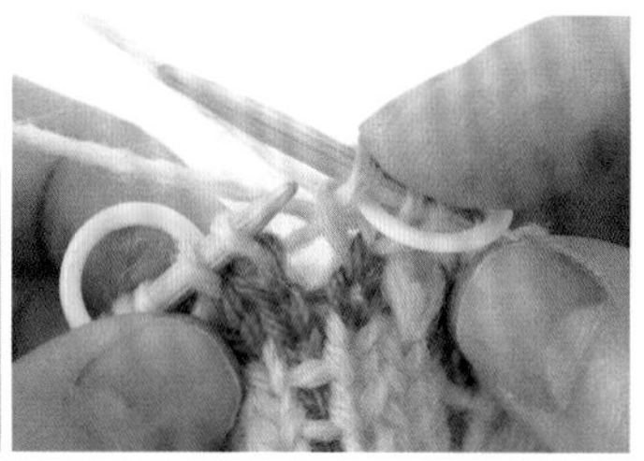

32 编好了扭针加针。接下来编织2针下针。

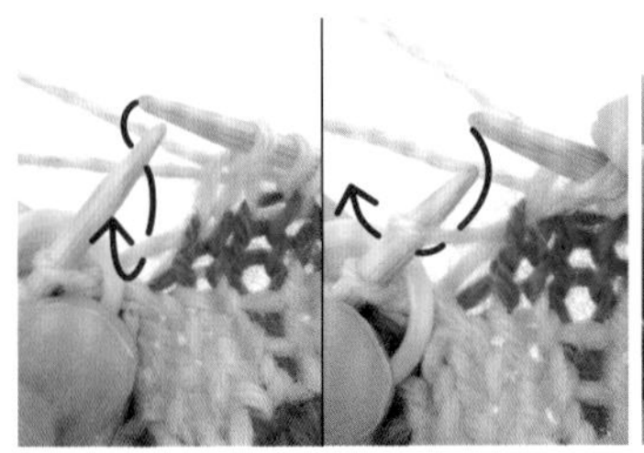

33 编织2针下针，挑起渡线编织扭针加针。

34 编织好了扭针加针。将第2个记号圈移至右棒针，继续编织。

35 按照编织方法图编织到第19行。

36 把2个黄色记号圈之间的针目（拇指部分）移到另线上，休针。

编织配色花样B

37 剩下的针目继续连成环形编织。从配色花样B第1行开始，分别取1根绿色线和原白色线，编织白熊花样。

38 按照步骤21、22的要领将2根线挂在手指上，根据花样取线编织。图为编织到第25行的样子。

指尖的减针方法

39 指尖第1行，先编织2针下针。

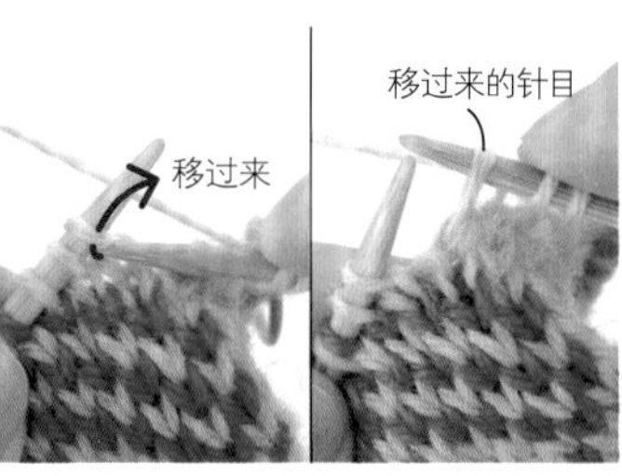

40 后面的针目不编织直接移至右棒针。

41 下一针编织下针。

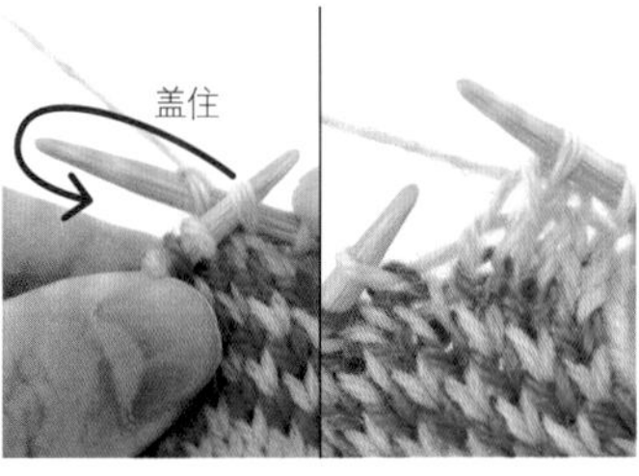

42 将左棒针插入步骤40移到右棒针的针目，盖住步骤41编织的针目。减了1针（右上2针并1针）。

43 继续按照图示编织。

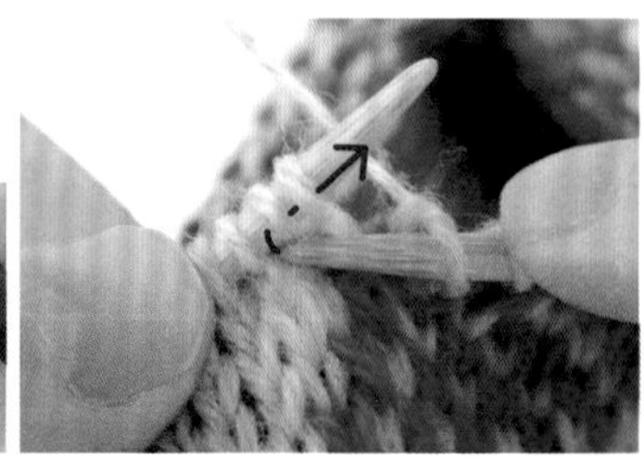

44 编织21针后如箭头所示一次性插入2个针目，编织下针。

45 2针并1针编好了。减了1针（左上2针并1针）。

46 侧面的4针左右逐针减针。一边减针一边按照编织方法图编织至指尖第11行。从第9行开始用1根原白色线编织。

47 第12行首先编织2针下针。

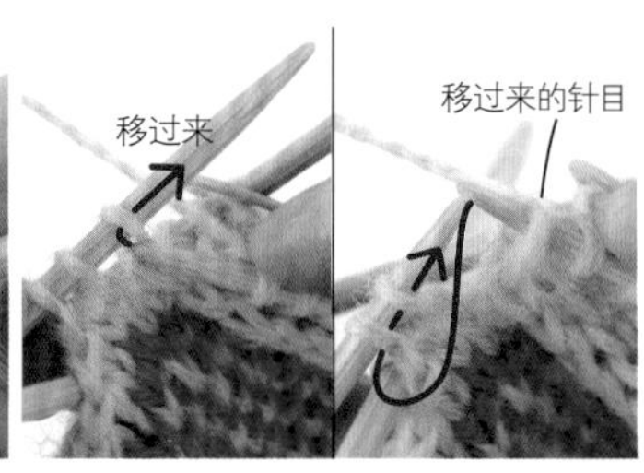

48 下一针不编织直接移至右棒针。然后一次性从左至右将右棒针插入后面2针。

49 2针一起编织下针。

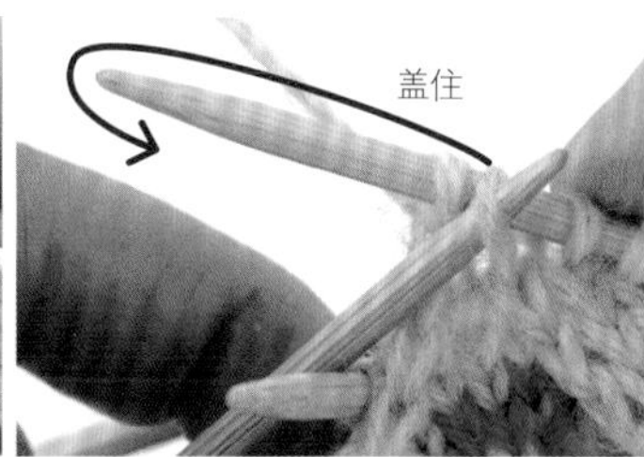

50 将左棒针插入步骤48移过来的针目，盖住步骤49编织的针目（右上3针并1针）。

51 右上3针并1针编好了。按照编织方法图编织到行的终点。

52 指尖第12行编好了。线头留15cm左右剪断。

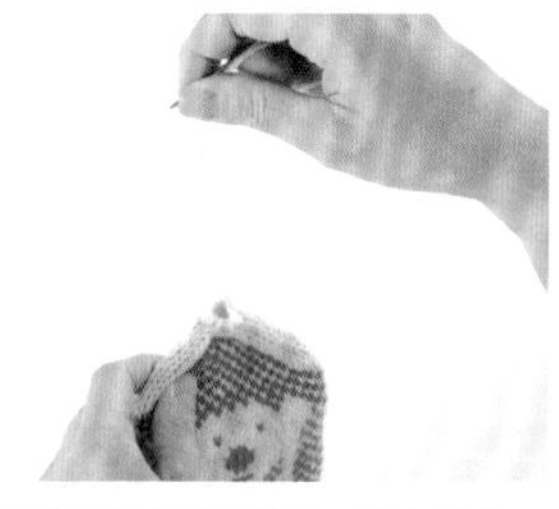

53 将线头穿上毛线缝针，穿入剩余的针目，穿2圈收紧。

54 收紧后，从中心向反面穿线。

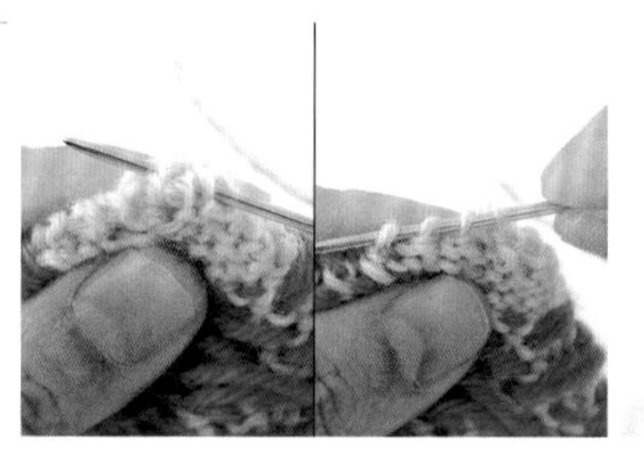

55 在反面穿针藏住线头，不要让线露到正面，处理好线头。

56 除拇指之外的部分编好了。

编织拇指

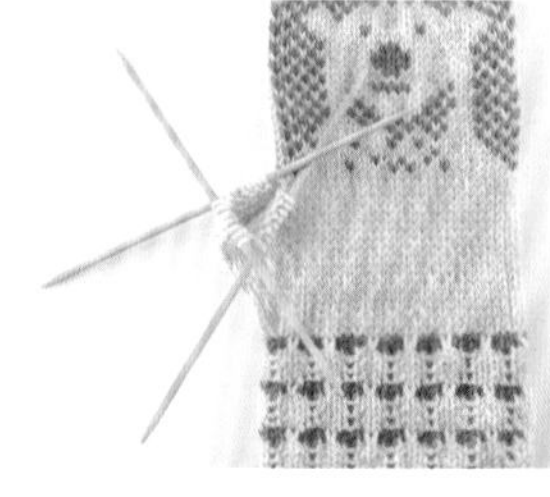

57 将休针的针目穿到3根棒针上，抽出另线。

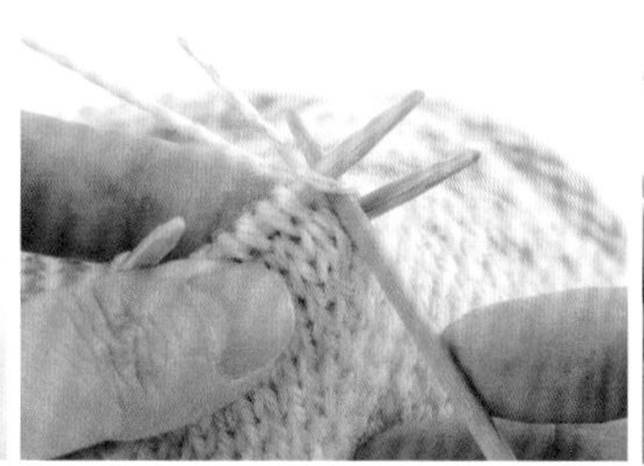

58 取2根原白色线，按照步骤21、22的方法交替着使用1根线编织。

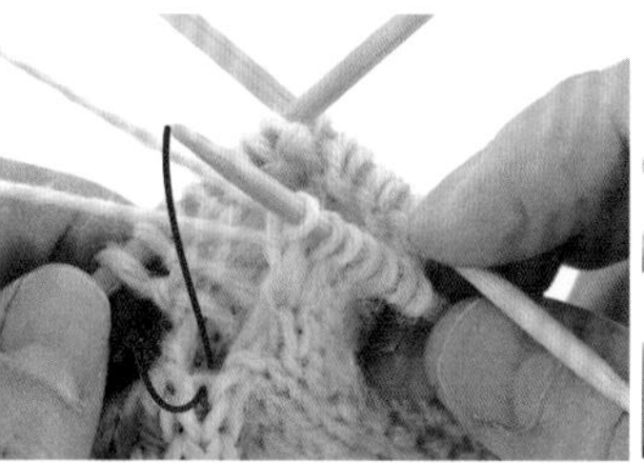

59 编织到第1行的终点，挑起渡线。

60 在挑起的线中编织扭针加针。

61 按照编织方法图编织至第16行，然后按照步骤53～55的方法处理拇指指尖的线头。

刺绣

62 将30cm长的绿色线穿在毛线缝针上，从拇指反面出针。

63 在喜欢的地方绣上3针直线绣。

64 在反面打2次结以免其散开，处理线头。

编织要点

下面介绍的是本书中用到的编织方法、作品的编织要点。
编织符号图看起来似乎很复杂，弄明白它的原理就很简单了。
下面的步骤供大家参考。

水滴花样的编织方法

这是p.34中的水滴花样的帽子需要用到的编织方法。
※从编织花样第5行开始介绍。

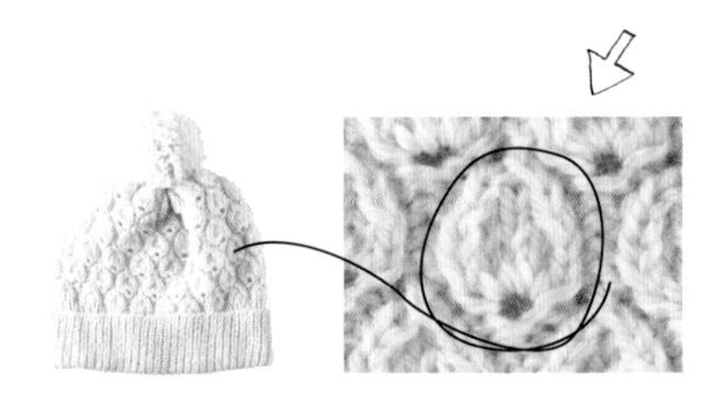

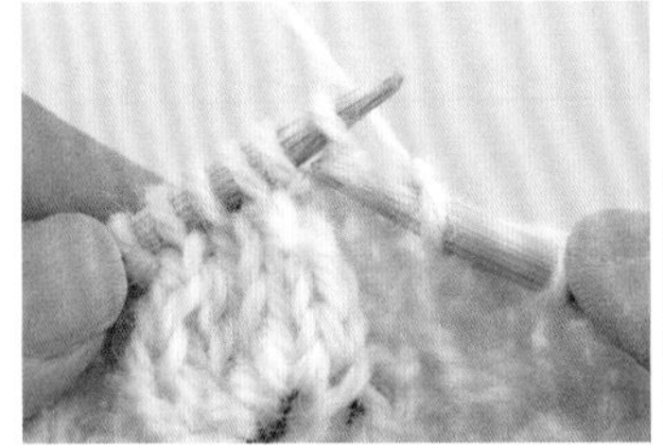

01 将棒针插入准备做放针加针的1针中。

02 挂线并拉出，编织下针。

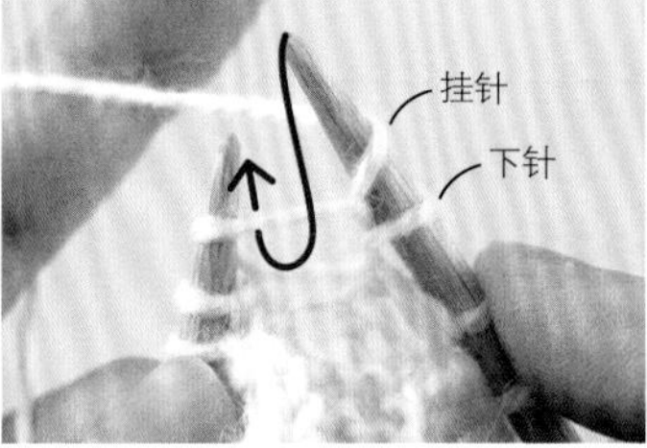

03 不要将针目从左棒针上取下，编织1针挂针，然后插入同一针目。

04 和步骤02相同，编织下针。

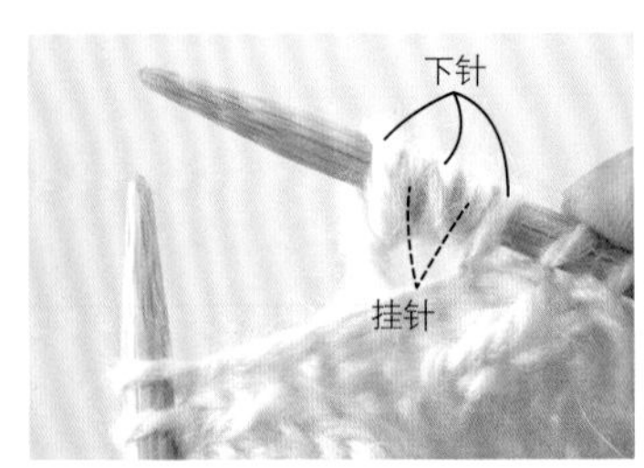

05 和步骤03、04相同，编织挂针、下针，将针目从左棒针上取下。在1针中编织了5针（1针放5针的加针）。

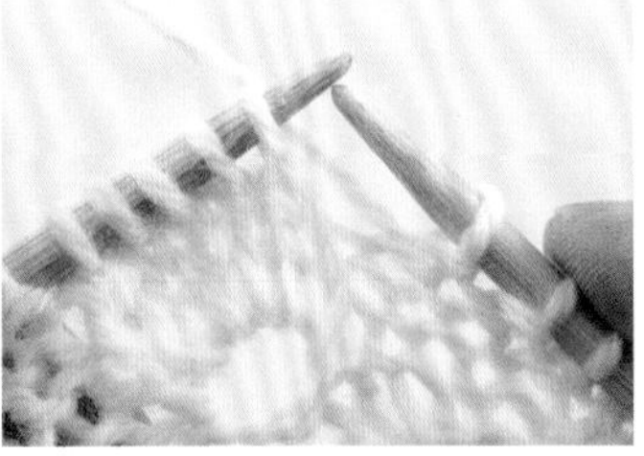

06 按照图示编织至第8行，第9行编织完放针加针后，在5针的两侧减针。

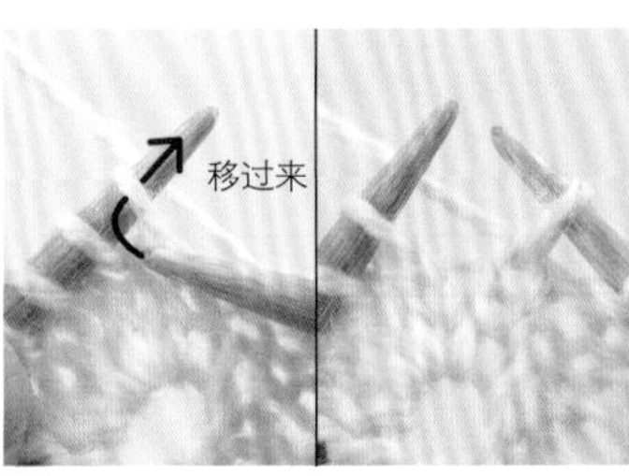

07 第1行不编织直接移至右棒针。

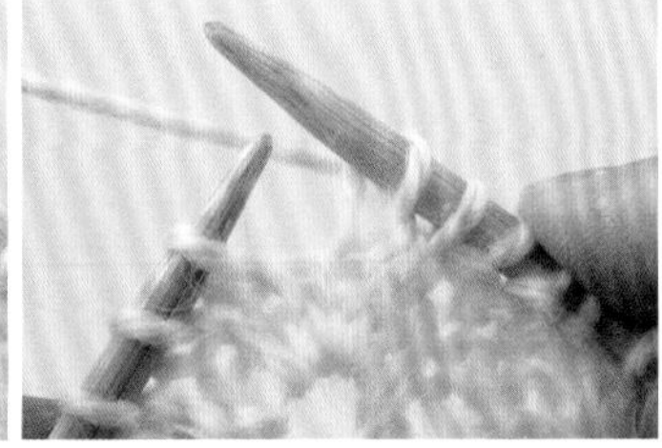

08 下一针编织下针。

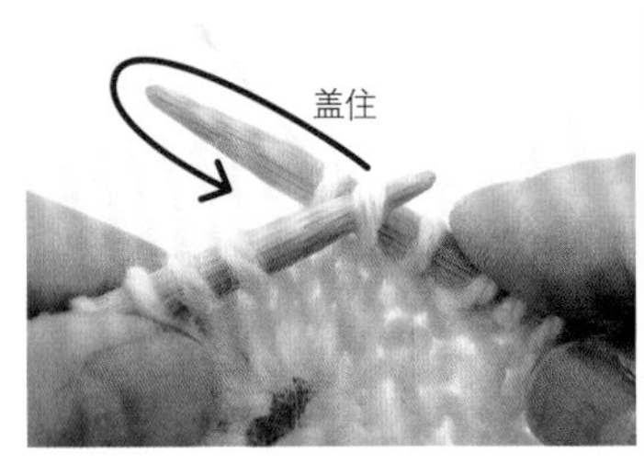

09 将左棒针插入步骤07移过来的针目，盖住步骤08编织的针目。

10 减了1针（右上2针并1针）。

11 下一针编织下针。

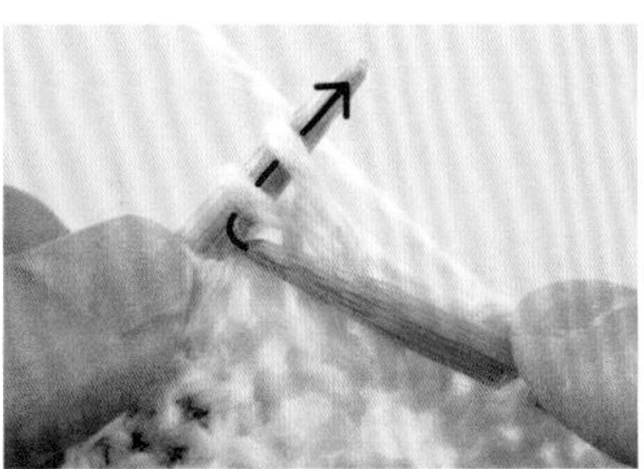

12 如箭头所示一次性将左棒针插入2个针目，编织下针。

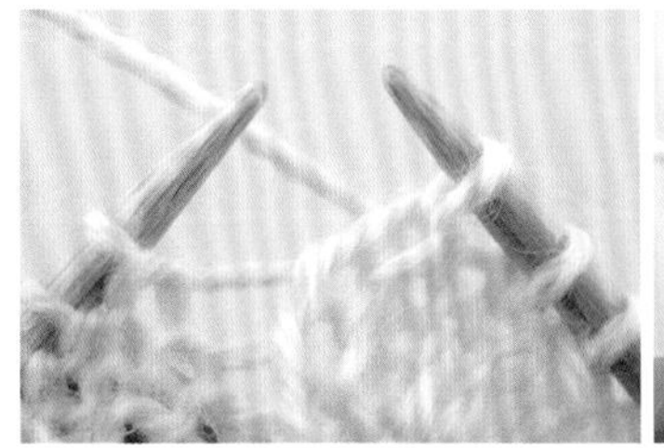

13 编织好了2针并1针。针目减少了1针（左上2针并1针）。

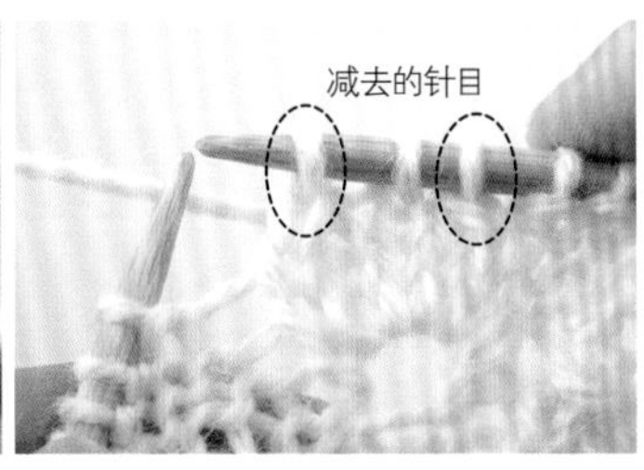

14 1针放5针的加针变成了3针。

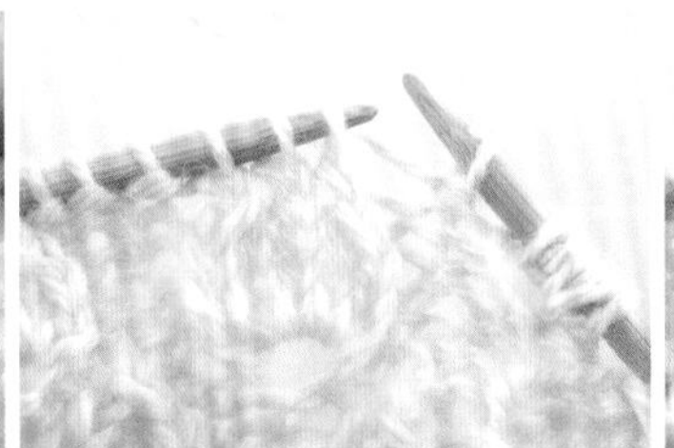

15 按照编织方法图编织到第10行，第11行将水滴花样的3针减至1针。

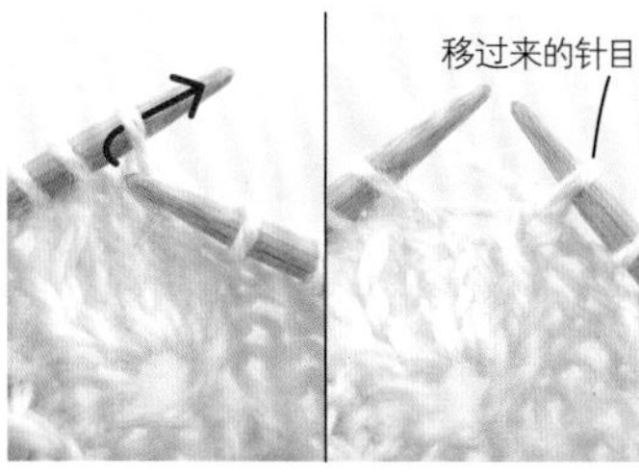

16 第1针不编织直接移至右棒针。

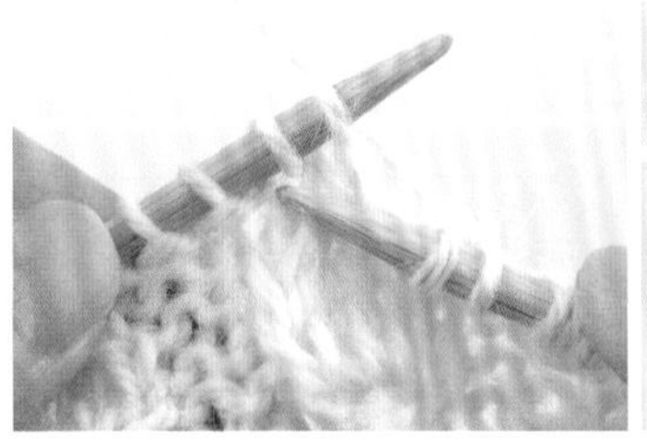

17 如箭头所示一次性将左棒针插入2个针目，编织下针。

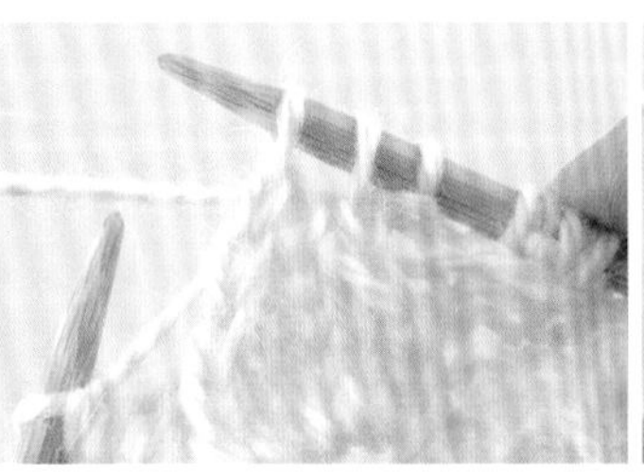

18 编织好了2针并1针。

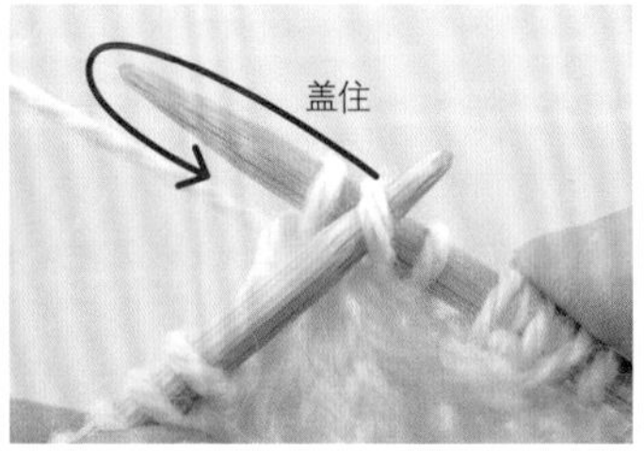

19 将左棒针插入步骤16中移过来的针目，盖住步骤18中编织的针目（右上3针并1针）。

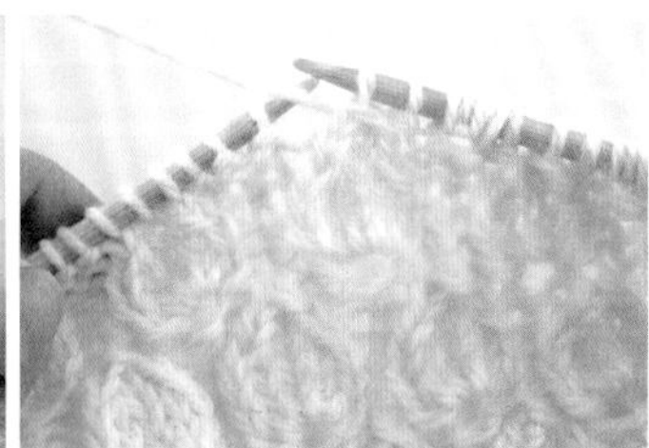

20 水滴花样编好了。

折回的帽檐

这是p.35黄色尖顶帽子中要用到的编织技法。

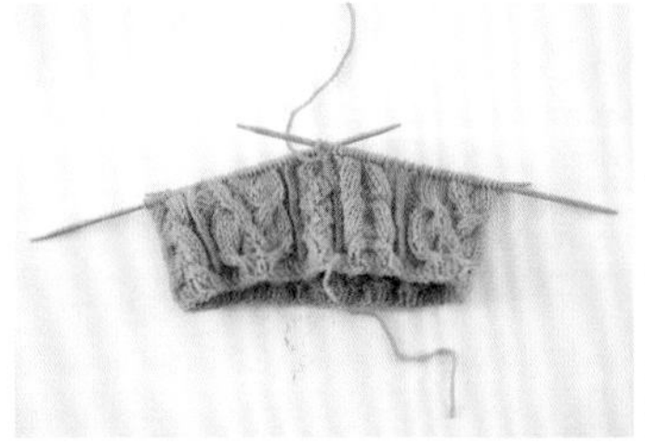

01 编织4行单罗纹针，然后做编织花样到第20行。

02 按照图示，将织片翻到反面。

03 反面变成正面后，将织片上下颠倒一下。

04 从线的位置开始反方向继续做编织花样，编织到第20行。编织起点会出现小孔，但这里会折回，所以并不明显。

手腕的荷叶边花样

下面介绍的是p.06的小鸟图案连指手套的手腕部分的荷叶边花样的编织方法。
※为便于理解，使用了色彩鲜艳的毛线。

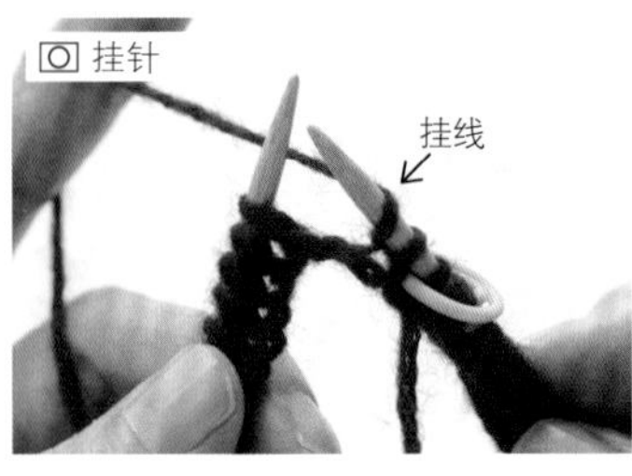

01 从第3行开始介绍。第1针编织下针，然后从后面挑起手指上挂的线，挂到右棒针上(挂针)。

02 后面2针编织下针。

03 然后编织中上3针并1针(p.116)。

04 按照编织方法图加入挂针和中上3针并1针编织，编织6行后，换成原白色线。红色线休针。

05 用原白色线编织至第10行。

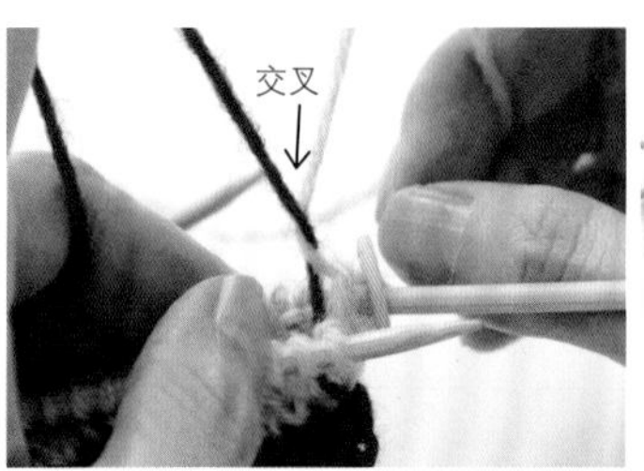

06 第11行拉起休针的红色线，和原白色线交叉后编织。按要求用红色线和原白色线编织。

07 编好了条纹花样(手腕部分编织至第22行)。

08 看着反面，就知道了在换行处渡线。按照步骤06的方法，在换线时交叉，渡线会很美观。

毛袜的袜跟

下面介绍的是p.37的菱形花样袜子的袜跟的编织方法。
它的编织方法和p.36的花格袜子相同。

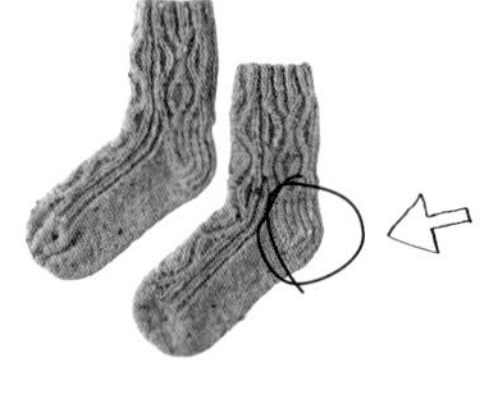

01 袜筒环形编织双罗纹针和编织花样。

02 袜跟做往返编织。第1行首先编织2针下针。

03 第3针按照图示入针，不编织直接移至右棒针(滑针)。

04 重复编织下针、滑针，第1行编好了。

05 第2行将织片翻到反面，从反面开始编织。第1针按照图示入针，编织滑针。

06 剩余的针目编织上针。第2行编好了。

07 第3行第1针也按照图示入针，编织滑针。

08 继续按照编织方法图编织，编织至袜跟第16行。

09 袜跟底部第1行，编织17针以后编织右上2针并1针。

10 编织好右上2针并1针的样子。翻转织片。

11 第2行第1针编织滑针。

12 继续编织10针上针。

13 按照图示将右棒针一次性插入后面的2针，编织上针（上针的左上2针并1针）。

14 继续按照图示编织至第12行，袜跟底部编好了。

15 袜底、袜背第1行编织12针，然后按照图示从袜跟侧面挑针。

16 从袜跟侧面挑8针。

17 挑8针后，挑起和下一针之间的渡线，将渡线挂到左棒针上。

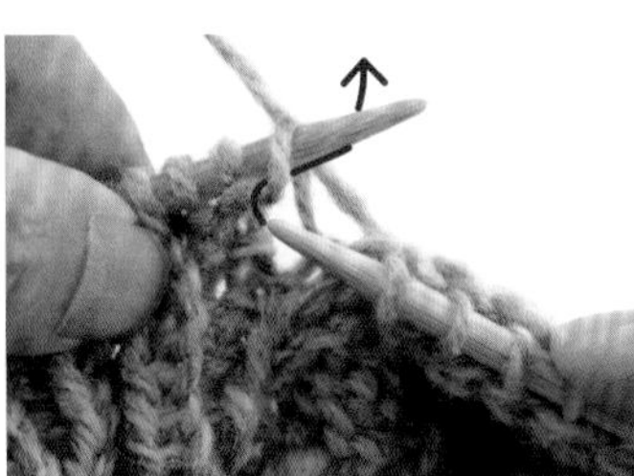

18 如箭头所示入针，编织扭着的针目（扭针加针）。

19 扭针加针编好了。

20 继续按照编织方法图，编织至另一边的袜跟侧面。

21 按照步骤17的方法挑起渡线，如箭头所示入针。

22 编织扭针加针。

23 按照步骤15、16的方法，从另一边的袜跟侧面挑8针。

24 毛袜的袜跟编好了。从这里开始继续做环形编织。

反拉针（2行）

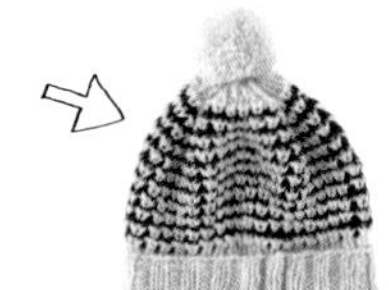

这是p.18的帽子使用的编织方法。

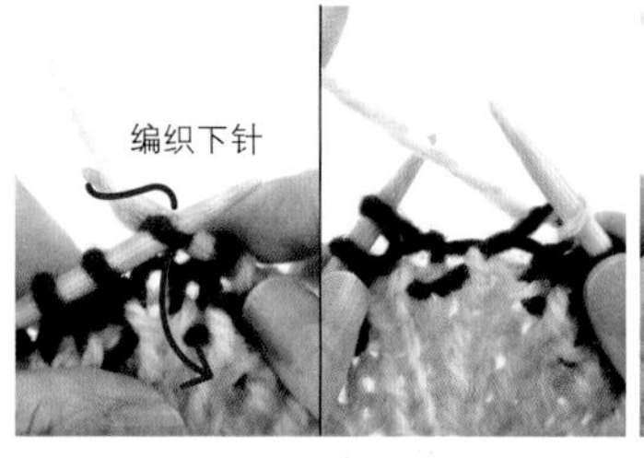

01 下面以编织花样第6~9行为例进行解说。第6行用藏青色线交替着编织下针和上针。编完后，第7行换用土米色线编织下针。

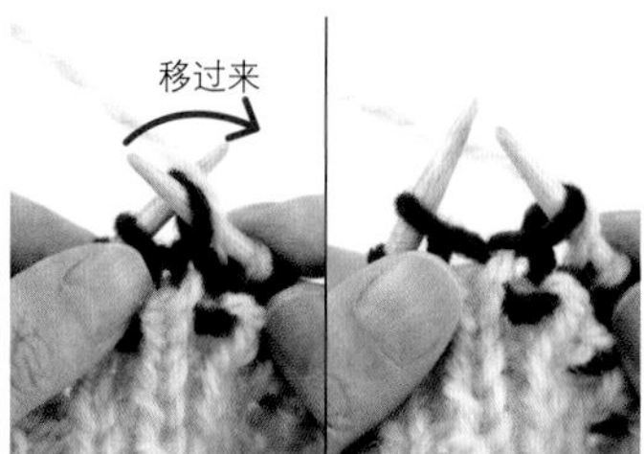

02 上针不编织，土米色线挂在针上，移至右棒针。重复编织步骤01、02到编织行的终点。

03 第8行也按照相同方法编织，前一行编织下针的地方继续编织下针。

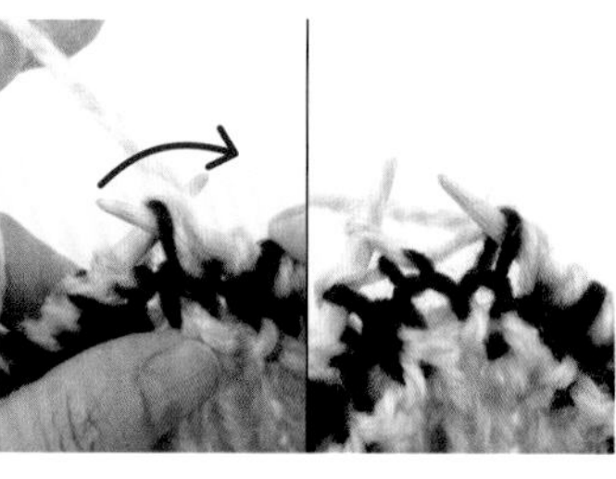

04 上针的地方不编织，连同针上挂着的土米色线一起移至右棒针。藏青色线之间挂了2根土米色线。

05 第9行换用藏青色线编织，前一行编织下针的地方继续编织下针。

06 上针的地方，将右棒针插入针上挂着的2根土米色线和上针。

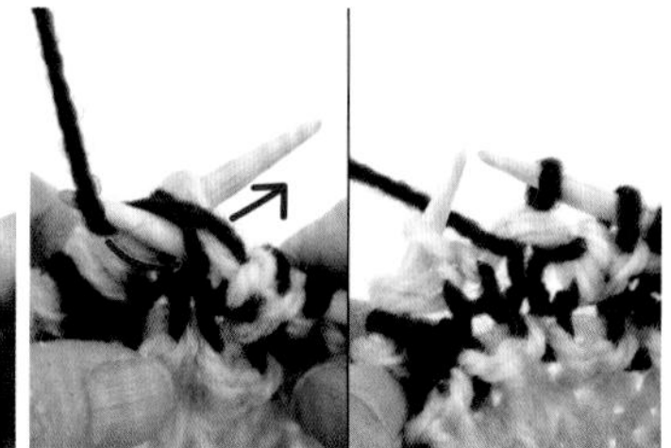

07 3针一起编织上针。

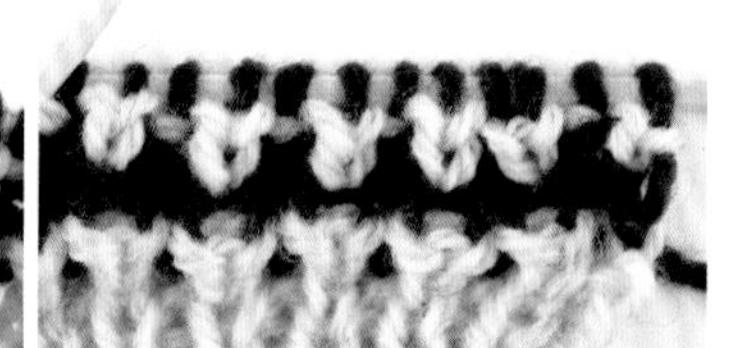

08 重复步骤05~07，就会出现圆滚滚的点点花样。

帽顶的编织方法

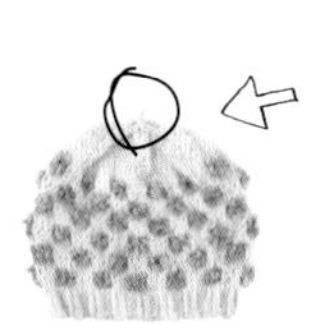

这是p.24和p.29中的帽子所用的编织方法。
环形编织少量针目很方便。用无堵头的棒针编织。

01 帽顶处棒针上剩余的针目（这里是5针）穿到1根针上。稍微拉左边的线使其收成环形，从右边针目开始编织下针。

02 编织1行后，将棒针向左拉，针目向右推，换成左手拿着棒针。

03 每行第1针，将线拉到第1针的地方。稍微拉紧线，编织下针。

04 编织指定的行数，将所有针目穿线收紧，在反面处理线头。

毛条

这是p.28的刺猬手套要用到的东西。
另线和缝合线，这里使用了易于区分的颜色。
实际编织时，要使用和主体相同的颜色制作毛条。
使用细线制作会很漂亮。

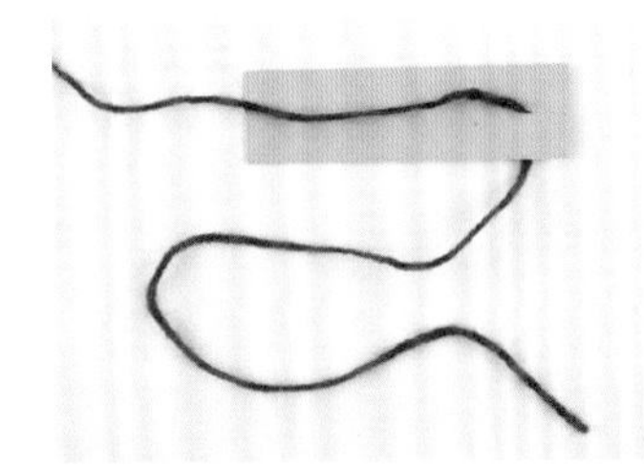

01 准备8张7.5cm×2cm的厚纸，剪出约2cm长的剪口。准备一根另线，将距离线头30cm的地方夹到剪口处。

02 取2根线，将线头和厚纸端头对齐，按照图示拿好。

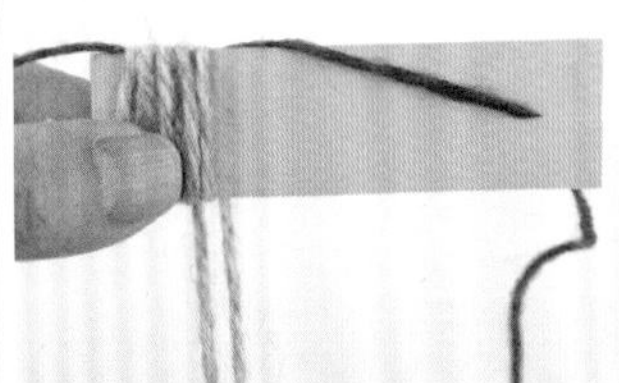

03 在厚纸上缠绕3圈。

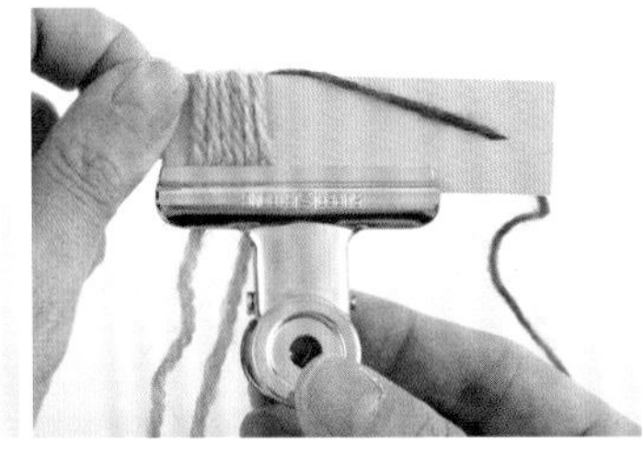

04 用夹子等夹住下边。

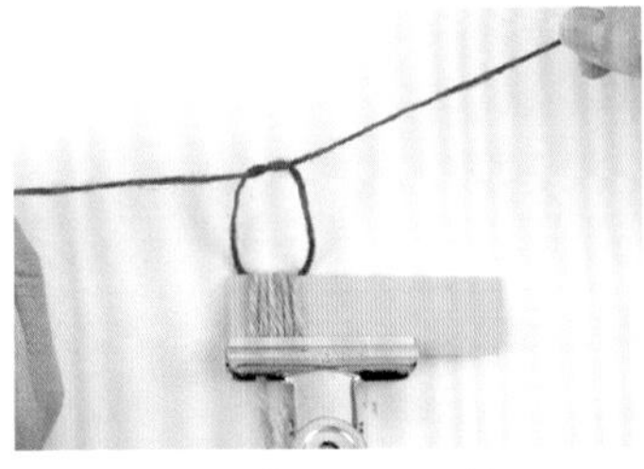

05 将另线从剪口处取下，按照图示牢牢地打结。

06 打结后，再次将另线的线头夹到剪口处。

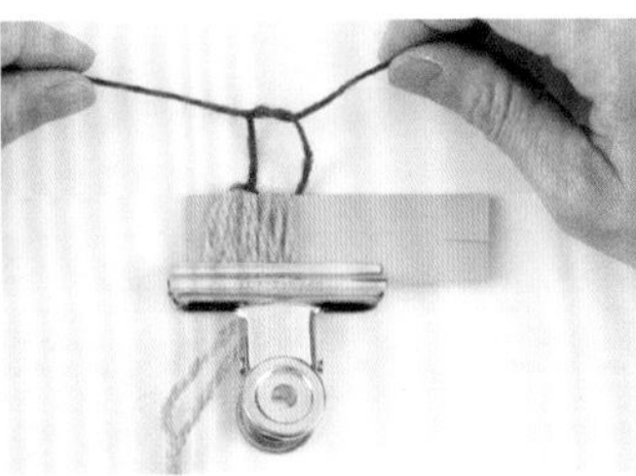

07 重复步骤03～06，开始打第2个结。

08 继续重复步骤03～06，直到缠绕6.5cm的长度（15~18圈）。打结的另线线头在反面处理。制作4片毛条。

09 在指定位置挑起毛条的另线和主体的针目，将毛条缝上。

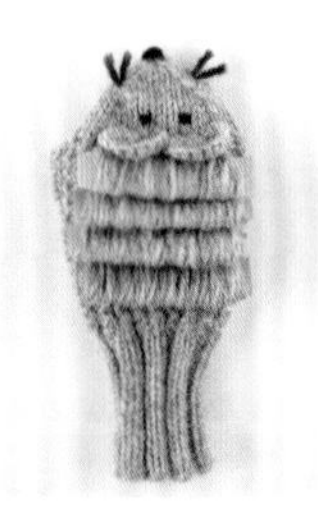

10 将4片毛条缝在指定位置。

11 将毛条上的线圈剪开。

12 用剪刀修整一下，使刺猬看起来圆滚滚的。

编织方法

五指手套的编织方法

下面介绍的是p.20的五指手套的编织方法。在中途编入另线的拇指的编织方法，在编织连指手套时也可以参考。

准备

和麻纳卡 Sonomono Alpaca Lily 白色（111）65g

棒针（5根短棒针）5号、4号

成品尺寸

掌围20cm，长24.5cm

编织密度

10cm×10cm面积内：编织花样28针、36行

下针编织24针、33行

编织要点

- 手指起针56针，环形编织10行双罗纹针。
- 换针继续做编织花样，编织手背和手掌。在拇指位置编入另线，注意另线周围的上下2行针法有变化，参照图示仔细编织（右手和左手拇指位置不同）。
- 手指从小指开始编织，按照图示编织卷针加针，挑针做下针编织。指尖按照图示减针，剩下的针目穿线2圈收紧。
- 拇指的针目分成上下两侧，用2根棒针挑针，抽出另线。加线从两端的渡线逐针挑针，将18针连成环形做下针编织。指尖参照图示减针，剩余的针目穿线2圈收紧。

小指

←㉒ ←⑳ ←⑮ ←⑩ ←⑤ ←①

14 10 5 1

□ = Ⅰ

无名指

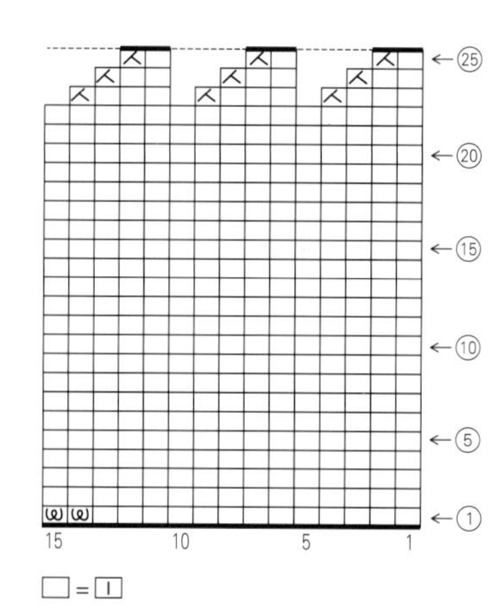

左手

（48针）休针

手掌 手背

（1针） 拇指位置 （-8针）

3.5（8针）

（编织花样）

5号针

20（56针）

（双罗纹针） 4号针

4（14行） 10（36行） 2.5（10行）

（56针）起针

右手

（48针）休针

手背 手掌

（-8针） 拇指位置 （1针）

3.5（8针）

（编织花样）

5号针

20（56针）

（双罗纹针） 4号针

4（14行） 10（36行） 2.5（10行）

（56针）起针

手指（下针编织） 5号针

左手

食指（7针）（-9针） 7 23行 （16针）挑针

中指（6针）（-9针） 8 26行 （15针）挑针

无名指（6针）（-9针） 7.5 25行 （15针）挑针

小指（5针）（-9针） 6.5 22行 （14针）挑针

拇指（9针）（-9针） 7 23行 （18针）挑针

（7针）（5针）（6针）（6针）

（7针）（6针）（5针）（6针）

（8针）

（1针）挑针 （8针） （1针）挑针

右手

小指（5针）（-9针） 6.5 22行 （14针）挑针

无名指（6针）（-9针） 7.5 25行 （15针）挑针

中指（6针）（-9针） 8 26行 （15针）挑针

食指（7针）（-9针） 7 23行 （16针）挑针

拇指（9针）（-9针） 7 23行 （18针）挑针

（6针）（6针）（5针）（7针）

（6针）（5针）（6针）（7针）

（8针）

（1针）挑针 （8针） （1针）挑针

○ =（2针）挑针

● =（2针）起针（卷针加针）

▷ = 加线

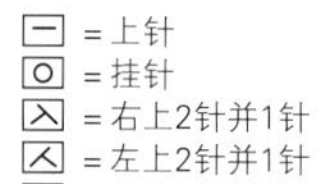

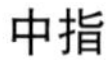

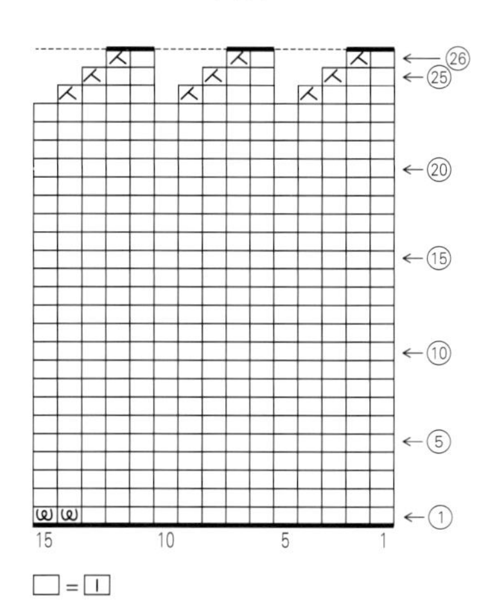

□ = I

食指

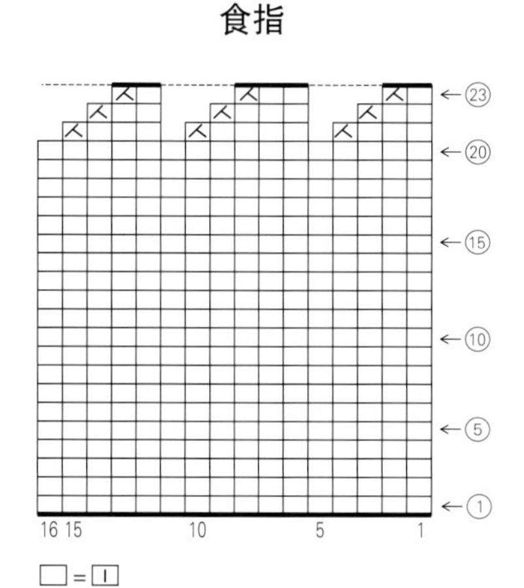

□ = I

拇指

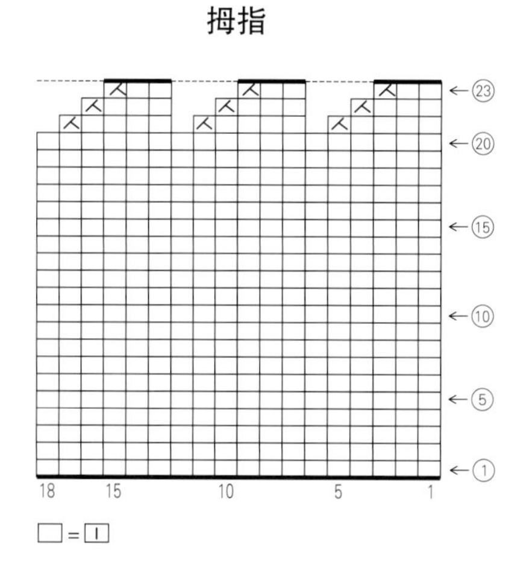

□ = I

手套

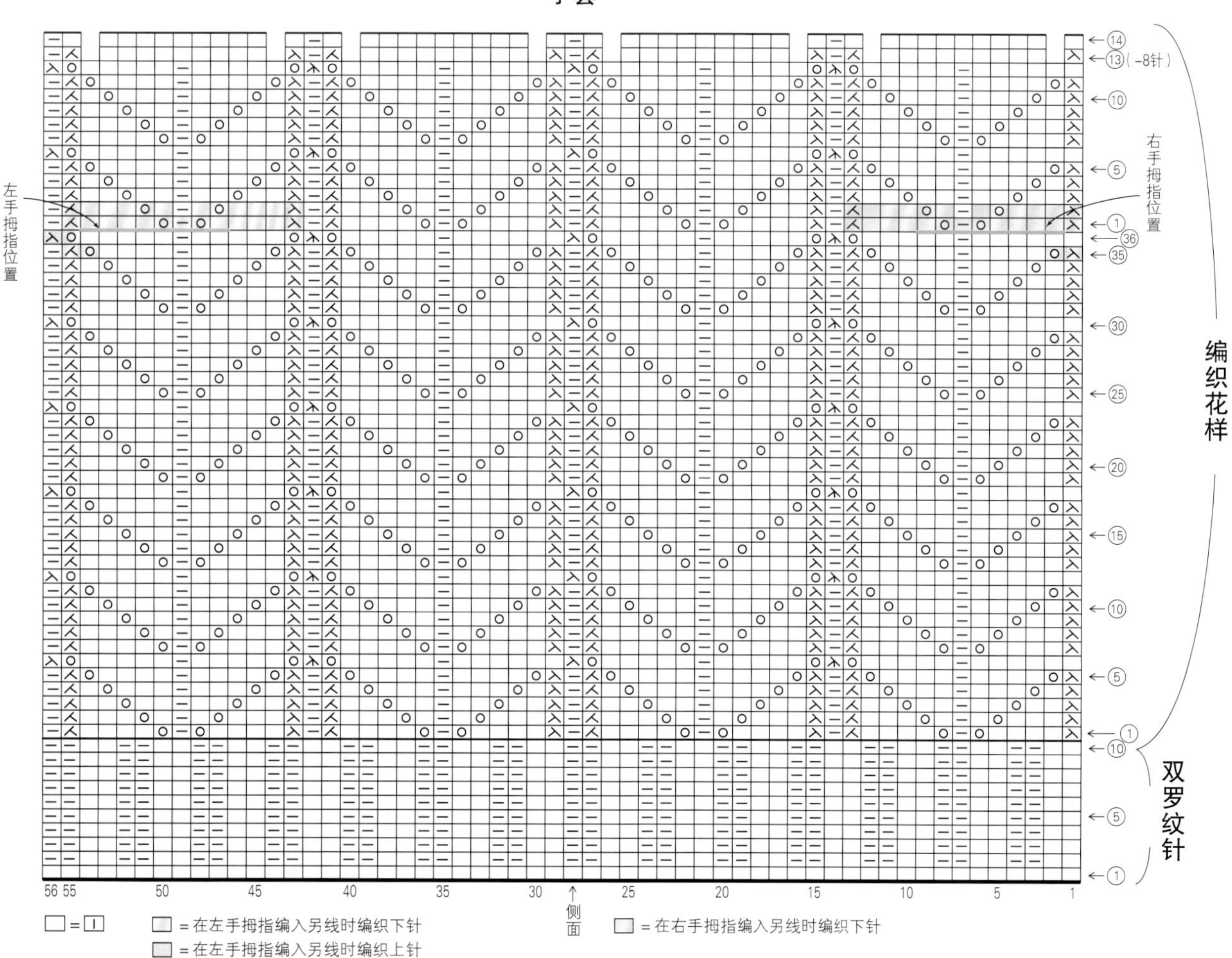

□ = I　□ = 在左手拇指编入另线时编织下针　□ = 在右手拇指编入另线时编织下针
□ = 在左手拇指编入另线时编织上针

编织双罗纹针

01 手指挂线起针56针，连成环形，重复编织2针下针、2针上针，编织10行双罗纹针。

02 编织终点放上记号圈，以便弄清楚行的交界（步骤03开始图中取下了记号圈）。

做编织花样

03 编织花样最开始先编织右上2针并1针。首先，第1针不编织直接移至右棒针。

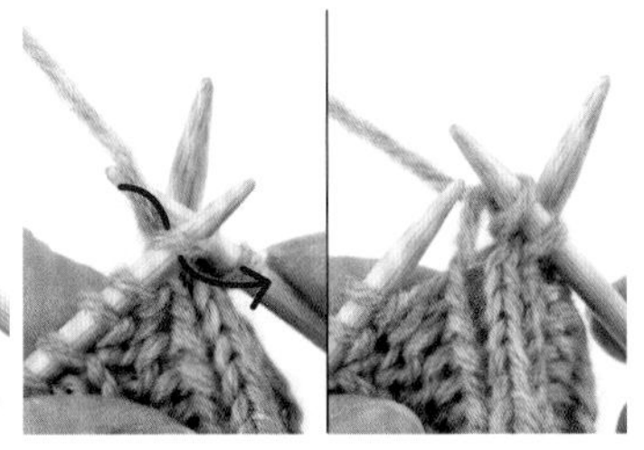

04 下一针编织下针。

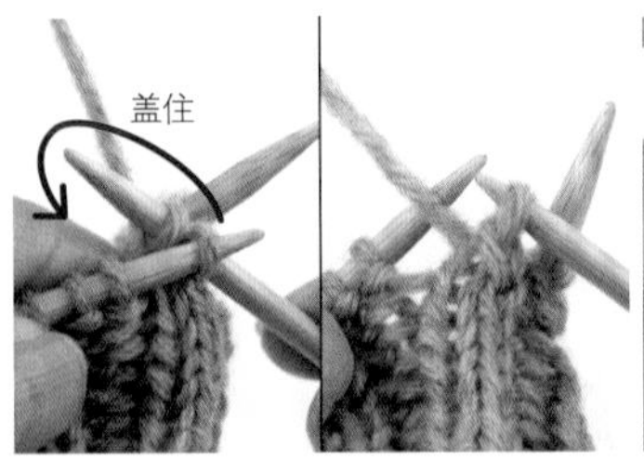

05 将左棒针插入步骤03移过来的针目，盖住步骤04编织的针目。右上2针并1针完成。

06 继续编织4针下针。

07 将线从前面向后面挂在棒针上（挂针）。

08 保持挂针的状态，下一针编织上针。

09 编织好了挂针和上针。

10 下一针也编织挂针，然后编织4针下针。

11 编织左上2针并1针。将右棒针一次性从左边插入2个针目，直接编织下针。左上2针并1针完成。

12 编织至第1行的第14针。继续按照图示编织。

13 编织至第6行的第12针，然后编织挂针。

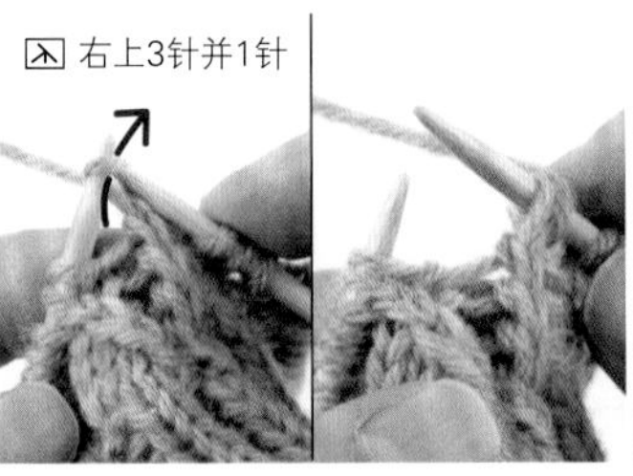

14 接下来编织右上3针并1针。首先将第1针不编织直接移至右棒针。

15 将右棒针一次性从左边插入2个针目，编织下针。

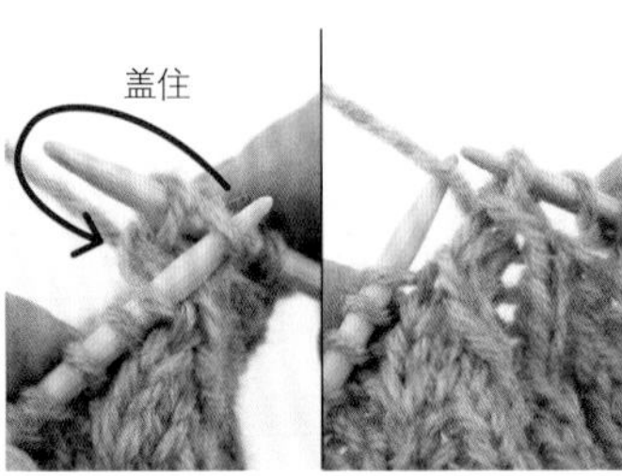

16 将左棒针插入步骤14移过来的针目，盖住步骤15编织的针目。右上3针并1针完成。

※为了方便看懂，改变了毛线的颜色。
※下面介绍的是右手手套的编织方法。左手手套参照编织方法图对称编织即可。

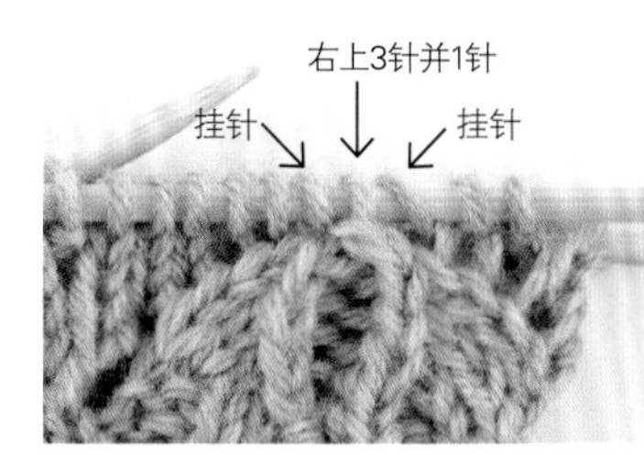

17 继续按照图示编织。

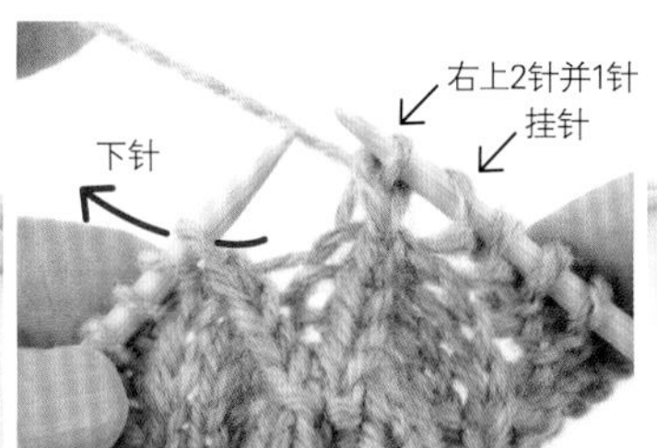

18 在手掌和手背交界处（侧面），步骤17的“挂针、右上3针并1针、挂针”要编织“挂针、右上2针并1针、下针”。

19 第6行编好了。

20 右手第35行的第1、2针编织下针，需要注意。按照图示编织36行。

在拇指位置编入另线

21 下一行（另线上方第1行）编织至拇指位置后休针，在指定位置用另线编织。

22 另线编织。

23 注意不要让另线编织的针目扭转，移至左棒针。

24 挑起另线编织的针目，用休针的线编织。

25 另线全部编好了。这部分的第1行和第2行全部编织下针。

26 继续按照图示编织第1行的编织花样。

27 按照图示编织至第14行，来到小指~食指位置前面。在编织食指之前休针。

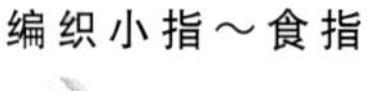

编织小指～食指

28 参照p.57的右手的编织方法图，用另线编织14针食指、11针中指、11针无名指，休针。小指将12针平均分到3根针上编织。

29 从小指的手掌侧加线编织。手指全部编织下针。

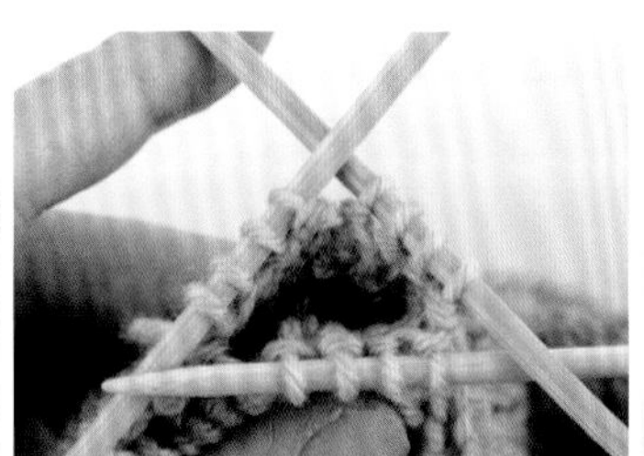

30 编织棒针上的12针。

ⓦ 卷针加针

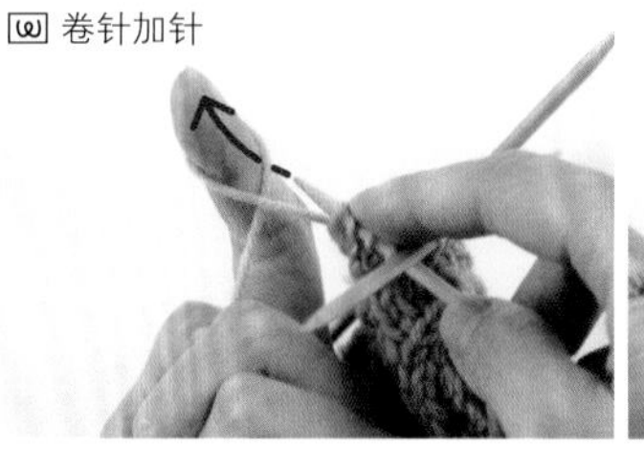

31 继续按照图示挂线编织卷针加针。

32 完成了1针卷针加针。

33 再编织1针卷针加针，这2针卷针加针将成为指缝侧面。第1行编好了。

34 第2行以后环形编织包括卷针加针在内的14针，编织至第19行。

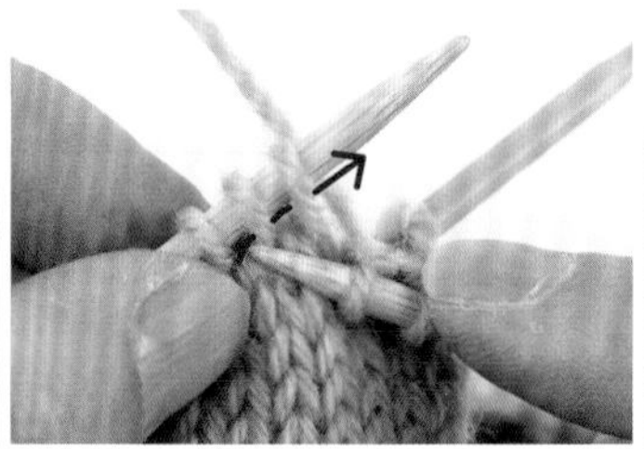

35 第20行编织3针后，一次性从左边插入2个针目，编织左上2针并1针。

36 编好了左上2针并1针。继续按照编织图一边在指定位置编织左上2针并1针，一边编织至小指的最后一行。

37 编织完最后一行以后，线头留20cm左右剪断，穿上毛线缝针，在棒针上剩余的5针中穿2圈线收紧。

38 将线拉紧。从手指中心穿到反面。

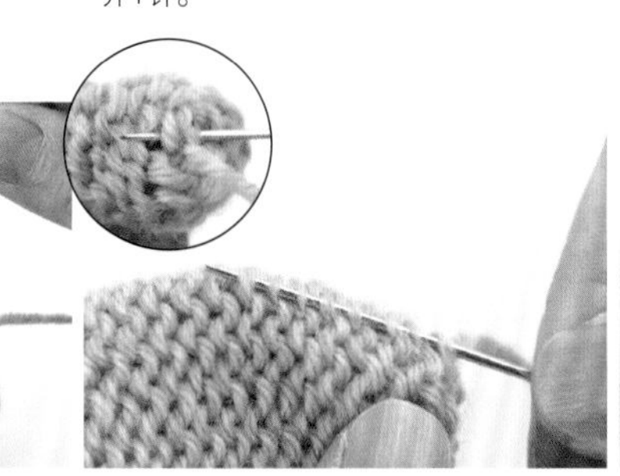

39 在反面挑起少量线，固定收紧的部分，处理好线头。

40 接下来编织无名指。小指和无名指之间是这样的。

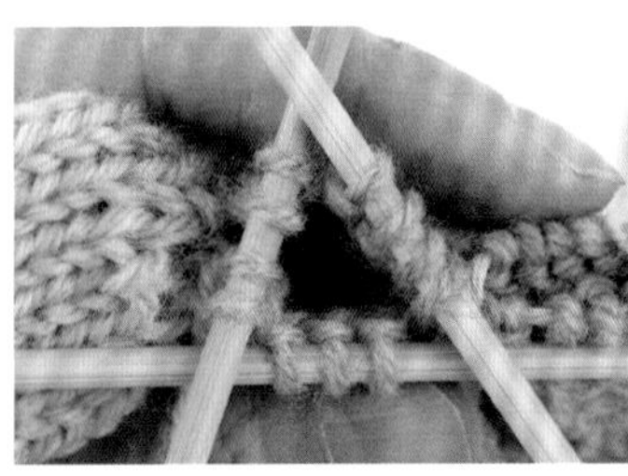

41 将休针的无名指的针目转移到3根棒针上。

42 在小指卷针加针处的渡线位置（步骤40的☆★标记）放上记号圈。

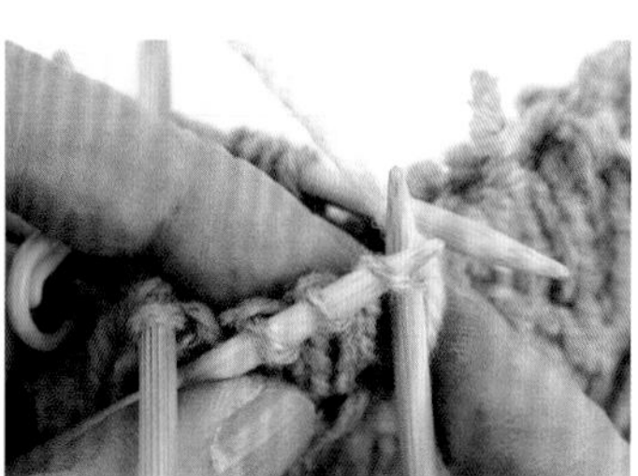

43 从无名指的手掌侧加线编织4针。

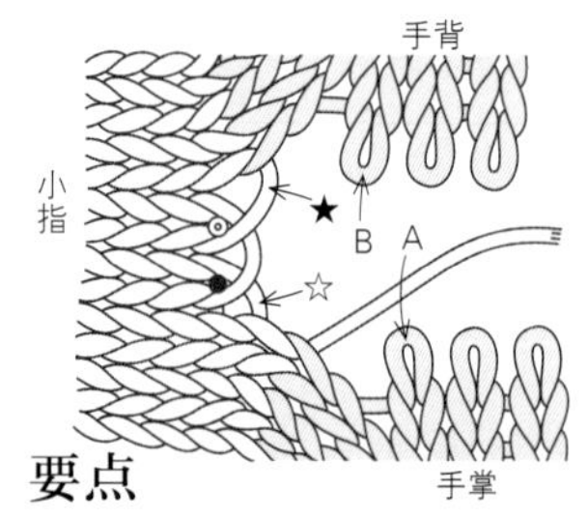

要点

编织指缝侧面时，因为指缝侧面交界处有一个洞，要扭转渡线（☆★），将针目A、B编织2针并1针（●◎是指缝侧面的卷针加针）。

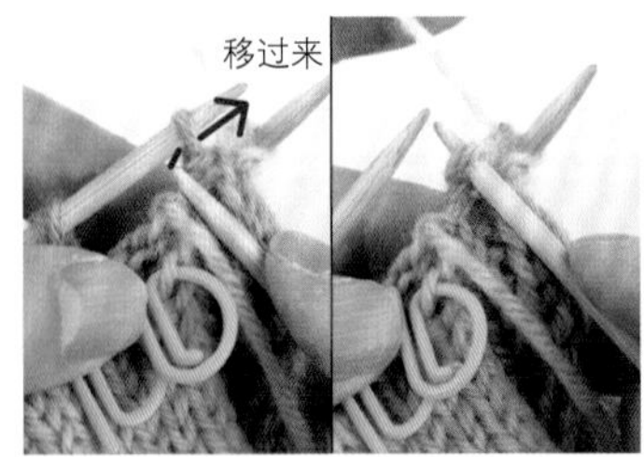

44 第5针（A）和渡线（☆）编织右上2针并1针。先将第5针直接移至右棒针。

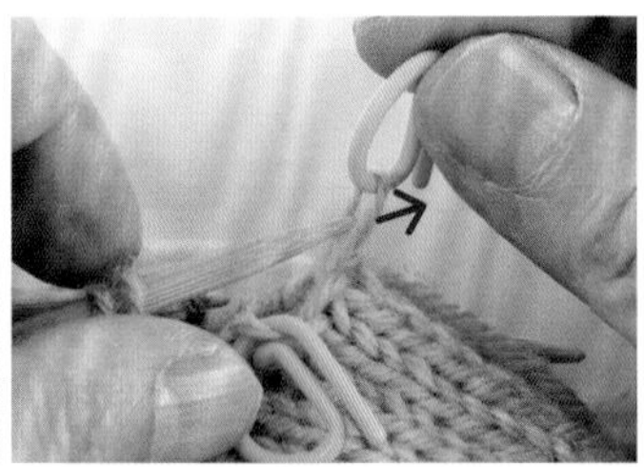

45 然后拉起第1个记号圈，将棒针插入线圈。

46 按照图示入针编织下针。

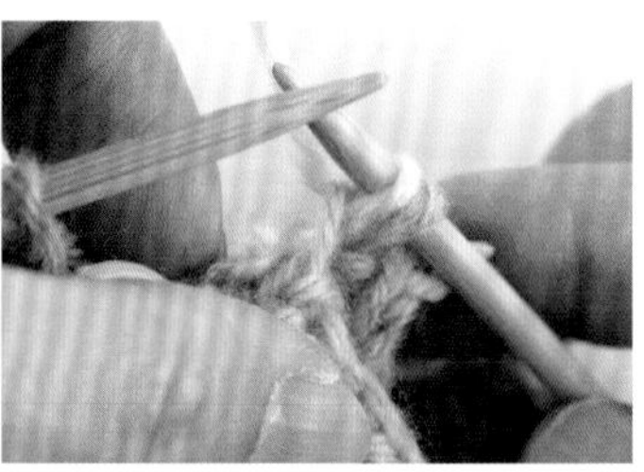

47 编织好了下针。渡线（☆）是扭着编织的。

48 将左棒针插入步骤44移过来的针目，盖住步骤47编织的针目。

49 第5针（A）和渡线（☆）编织右上2针并1针。

50 然后将右棒针插入第1针卷针加针（要点的●标记处）中。

51 编织下针。

52 挑起第2针卷针加针（要点的◎标记处），编织下针。

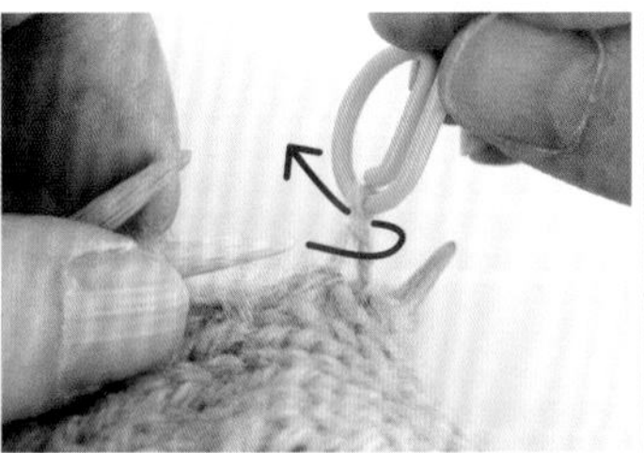

53 渡线（★）和第8针（B）编织左上2针并1针。再次拉起记号圈，如箭头所示插入左棒针，将线扭转。

54 棒针上挂着的渡线（★）是扭着的。

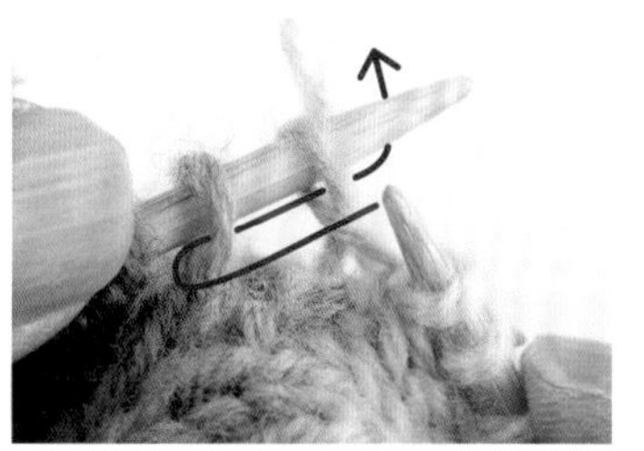

55 如箭头所示将右棒针从左侧一次性插入2个针目，一起编织下针。

56 渡线（★）和第8针（B）编织好了左上2针并1针。

57 编织至第1行最后一针后，按照步骤33的方法编织2针卷针加针作为指缝侧面。

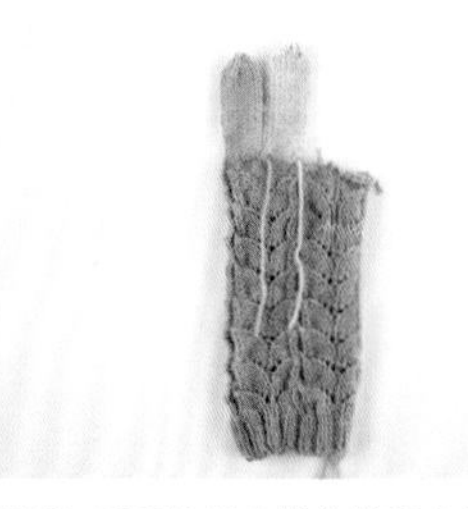

58 后面按照小指的编织方法，在指尖的指定位置编织左上2针并1针，最后将线拉紧。编织好了无名指。

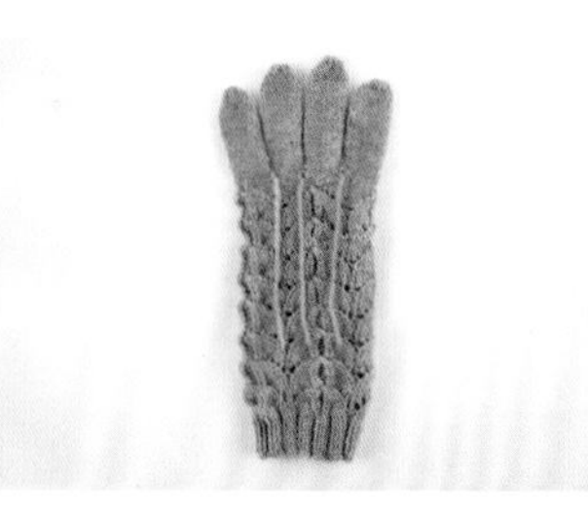

59 中指按照同样方法加线编织，挑起指缝侧面的针目开始编织。食指用主体休针的线编织，挑起指缝侧面的针目。

编织拇指

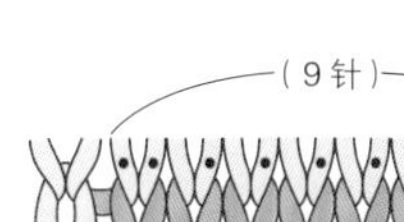

60 在编入另线的拇指位置上下两侧，挑起图中的●部分，穿在棒针上。

61 穿好后，仔细抽出另线。

62 抽出了另线。上侧有9针挂在棒针上。

63 加线从下侧第1针开始编织。

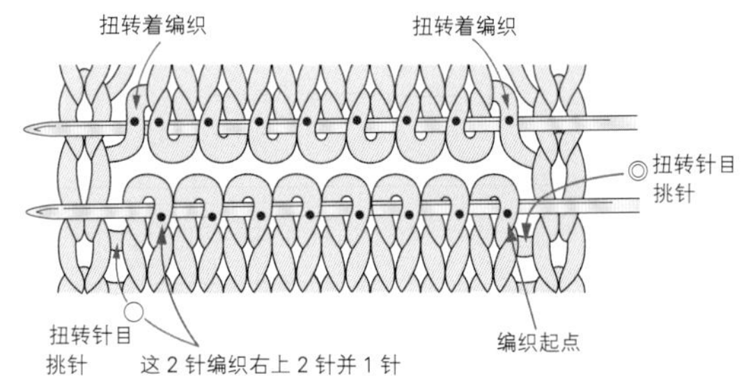

要点

步骤64～71按照图示编织。为避免两侧出现孔，指缝侧面也要挑针编织。

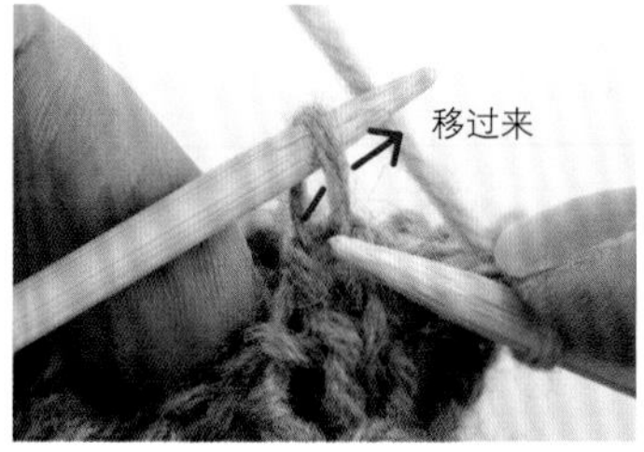

64 先编织7针，第8针不编织直接移至右棒针。

65 挑起侧面的渡线(○)。

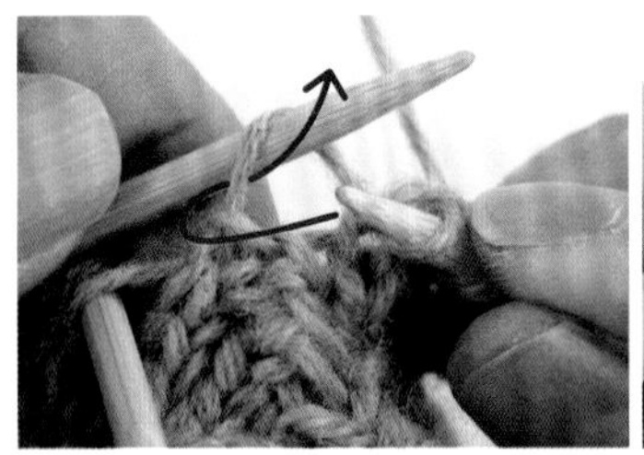

66 如箭头所示将右棒针插入挑起的渡线。

67 渡线扭转着编织下针。

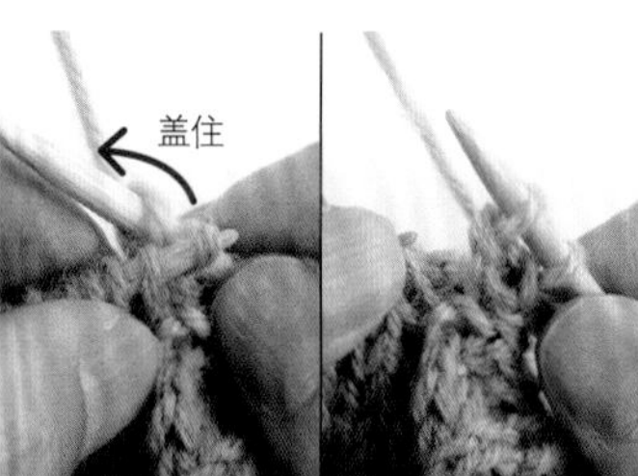

68 将左棒针插入步骤64移过来的针目，盖住步骤67编织的针目(右上2针并1针)。

69 下一针也如箭头所示插入棒针，扭转着编织下针。

70 继续编织7针下针，如箭头所示入针，最后一针扭转着编织。

71 最后挑起侧面的渡线(◎)，如箭头所示入针，扭转着编织。

72 一共挑起18针，编织好拇指第1行。

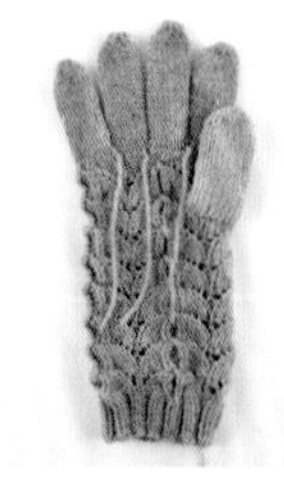

73 和其他手指相同，按照编织方法图在指定位置编织左上2针并1针。拇指编好了。

处理线头

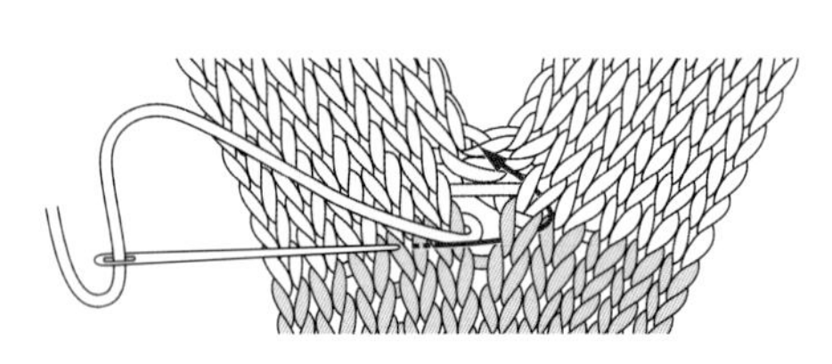

74 如图所示将各手指编织起点的线头穿在毛线缝针上，从反面出针，不要留下孔。

75 挑起反面的针目，注意不要影响到正面，将线头藏进去。

76 编织起点的线头藏到编织起点的针目里，消去行差。

77 按照步骤75的方法在反面处理线头。

小鸟图案连指手套

图片：p.06　编织要点：p.52

准备

粗毛线　原白色35g、黑色35g
（推荐用线→和麻纳卡 Amerry）
棒针（5根短棒针）5号、7号

成品尺寸

掌围20cm，长27cm

编织密度

10cm×10cm面积内：配色花样24针、26行

编织要点

- 手指起针48针，环形编织22行条纹花样。
- 采用横向渡线的方法编织配色花样，在拇指位置编入另线，共编织41行（左手和右手的拇指位置不同）。
- 主体的指尖一边减针一边编织9行，剩余的12针穿线2圈并收紧针目。
- 拇指的针目分成上下两侧，用2根棒针挑针，抽出另线。加线从两端的渡线开始逐针挑针16针，做环形编织。在最终行编织减针，剩余的8针穿线2圈并收紧针目。

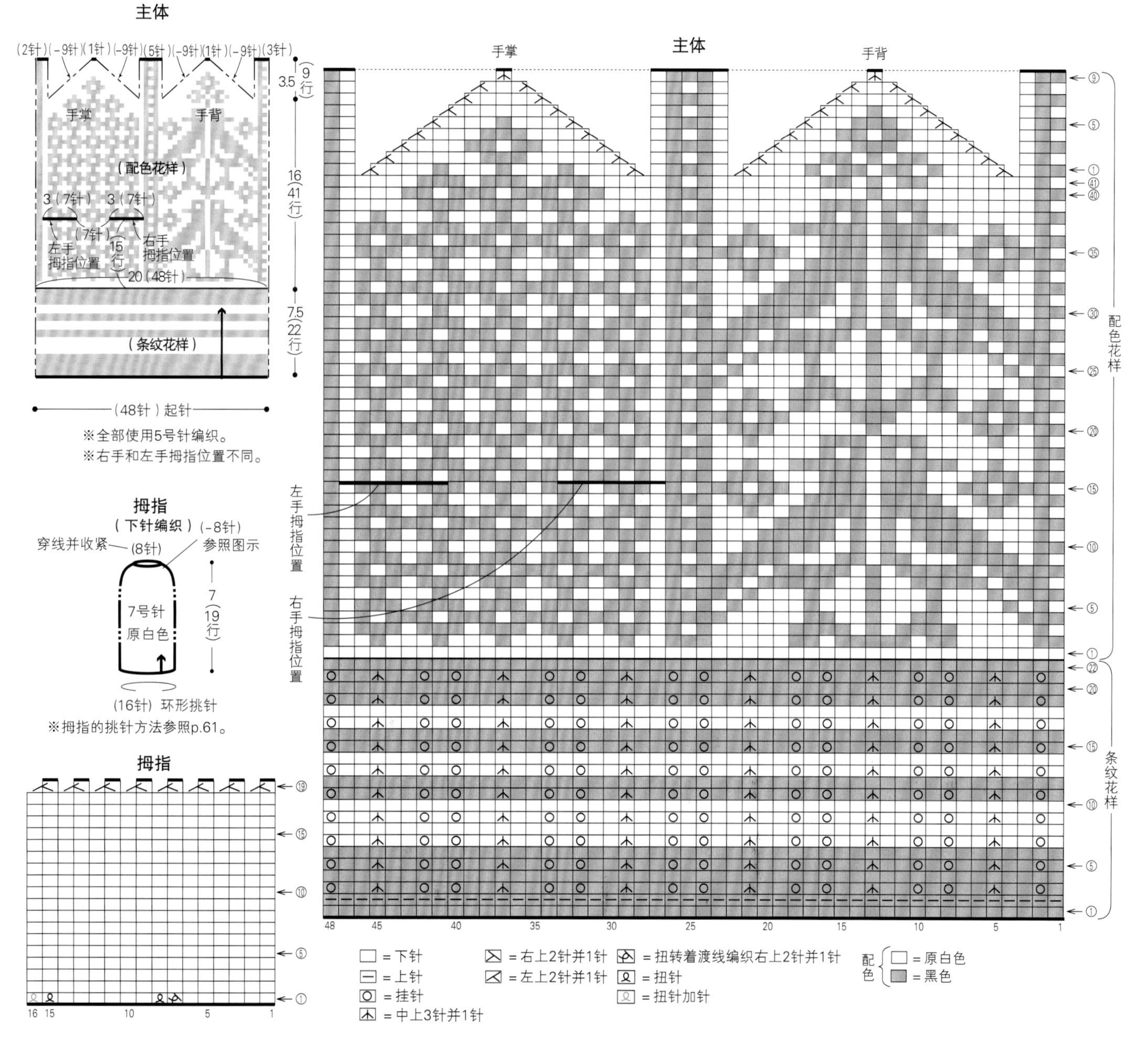

菱形图案连指手套

图片：p.04

准备

粗~极粗毛线 蓝色50g、米色20g

（推荐用线→Richmore Spectre Modem）

棒针（5根短棒针）8号、6号

成品尺寸

掌围21cm，长25.5cm

编织密度

10cm×10cm面积内：配色花样20针、23行

编织要点

●手指起针42针，环形编织19行单罗纹针。

●换针，采用横向渡线的方法编织配色花样。

●在拇指位置编入另线，然后将针目移至左棒针，另线上方继续做编织花样(左手和右手的拇指位置不同)。

●主体的指尖按照图示减针，剩余的6针穿线2圈并收紧针目。

●拇指的针目分成上下两侧，用2根棒针挑针，抽出另线。加线从两端的渡线开始逐针挑针14针，做环形编织。在最终行编织减针，剩余的7针穿线2圈并收紧针目。

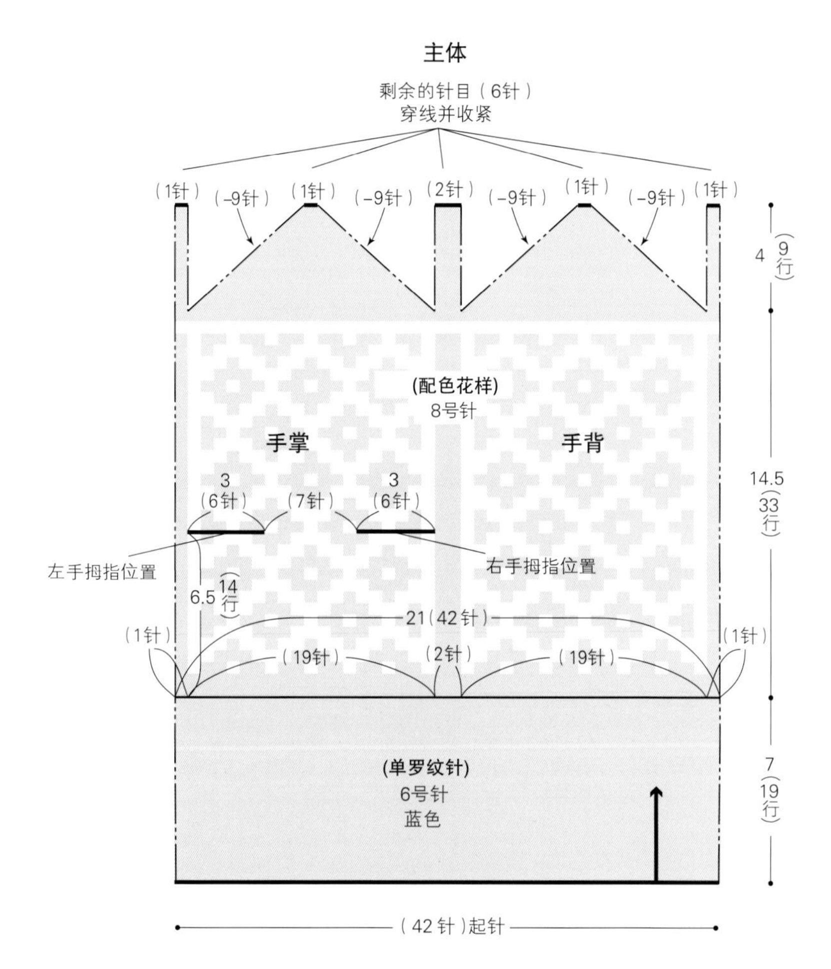

成品图

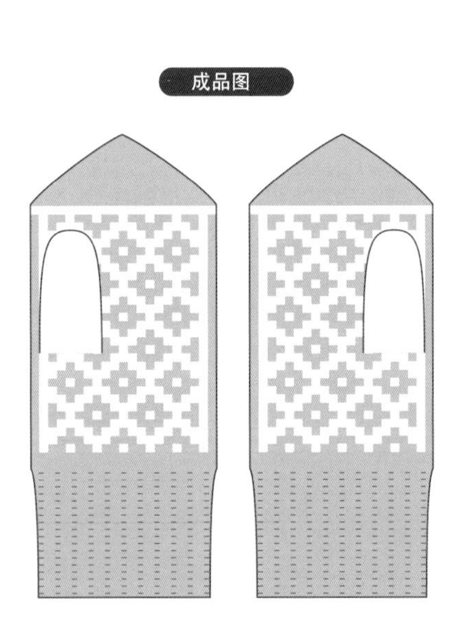

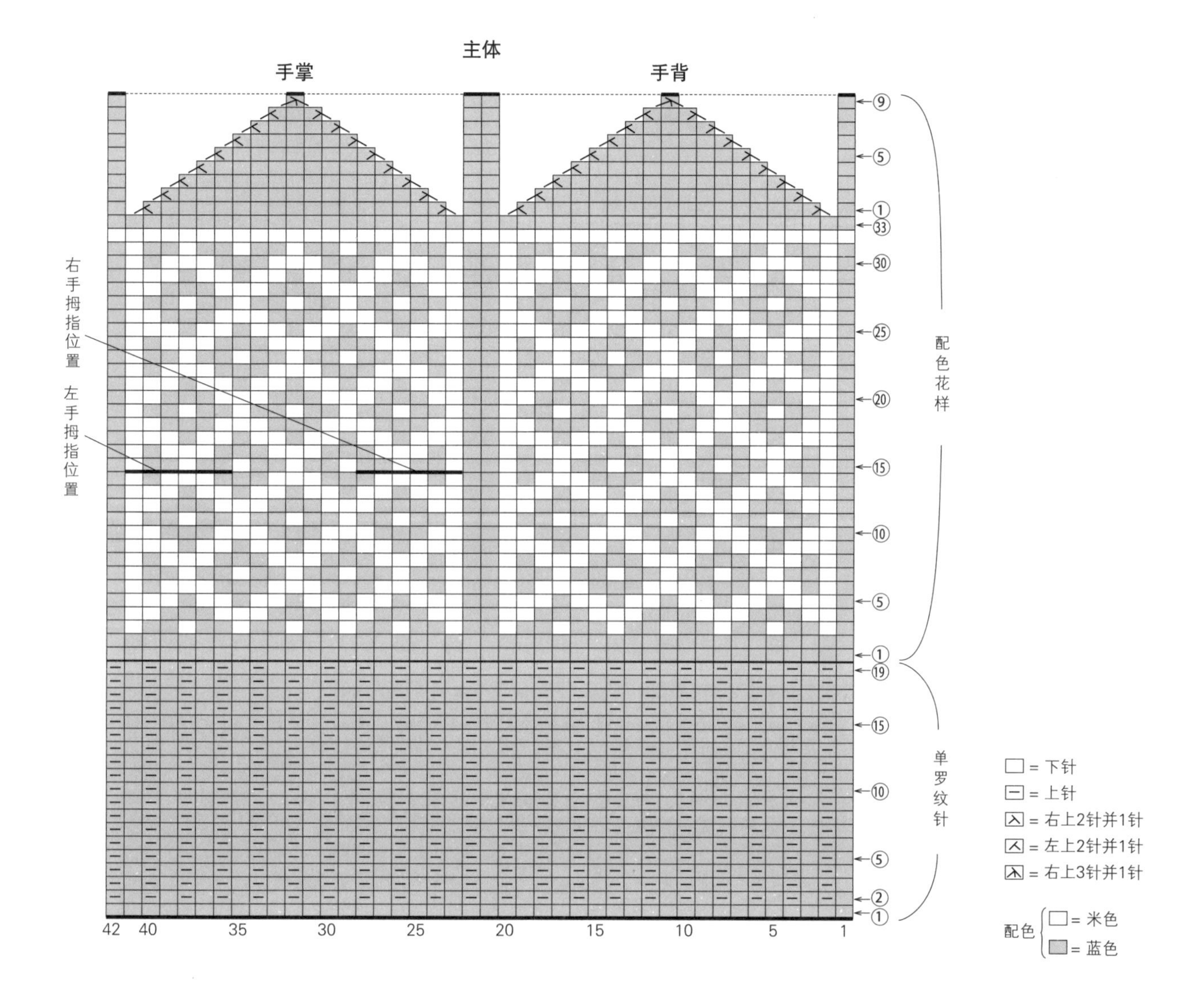

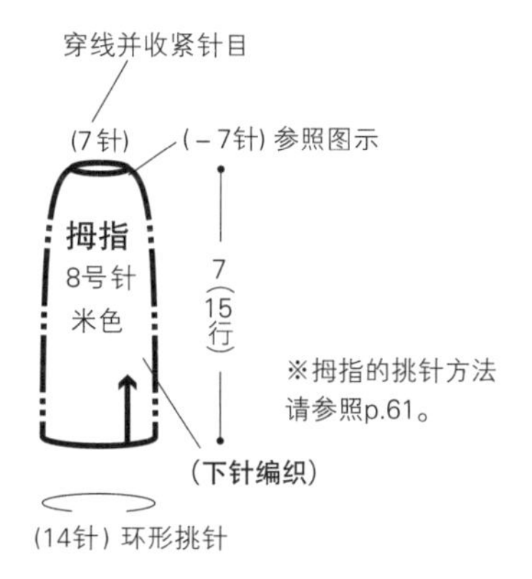

※拇指的挑针方法请参照p.61。

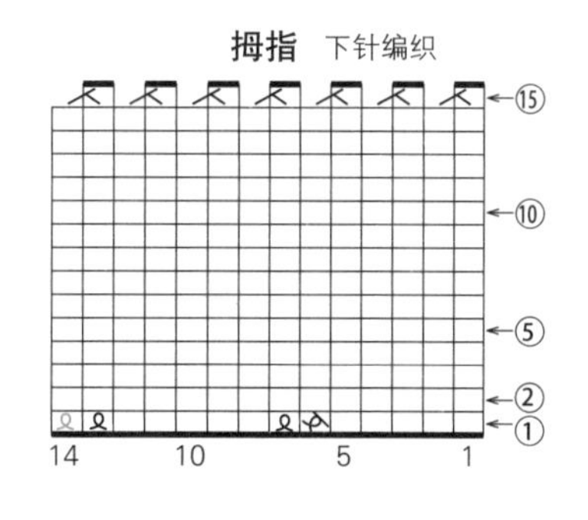

⊠ = 扭转渡线编织右上2针并1针
Ձ = 扭针
Ձ = 扭针加针

雪花图案的毛袜

图片：p.07

准备

和麻纳卡 Korpokkur 灰色（14）50g、米色（2）40g

棒针（5根短棒针）3号

成品尺寸

袜底长22.5cm，袜围22cm，袜筒长21.5cm

编织密度

10cm×10cm面积内：配色花样32.5针、35行

编织要点

- 手指起针72针，袜口环形编织双罗纹针条纹，然后编织配色花样。
- 袜背36针休针，袜跟按照图示做下针编织，往返编织。
- 接着环形编织袜底和袜背的配色花样。
- 袜头环形做下针编织，按照图示减针。最终行休针，做下针的无缝缝合。
- 左袜和右袜对称编织。

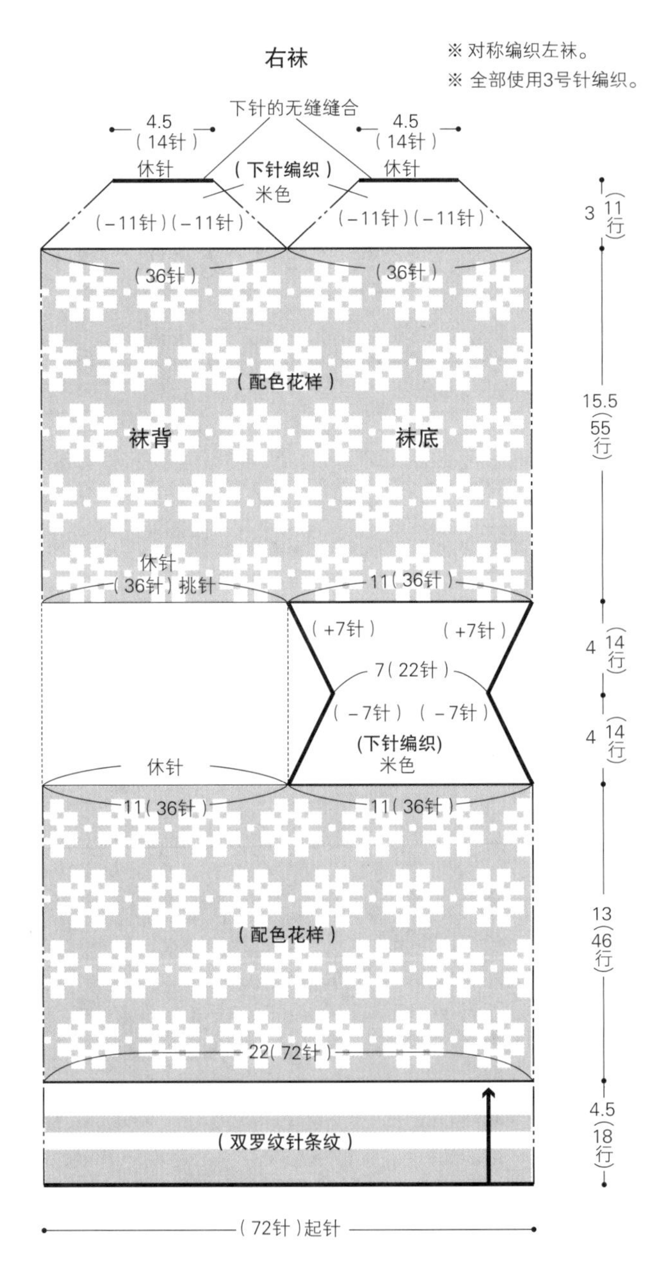

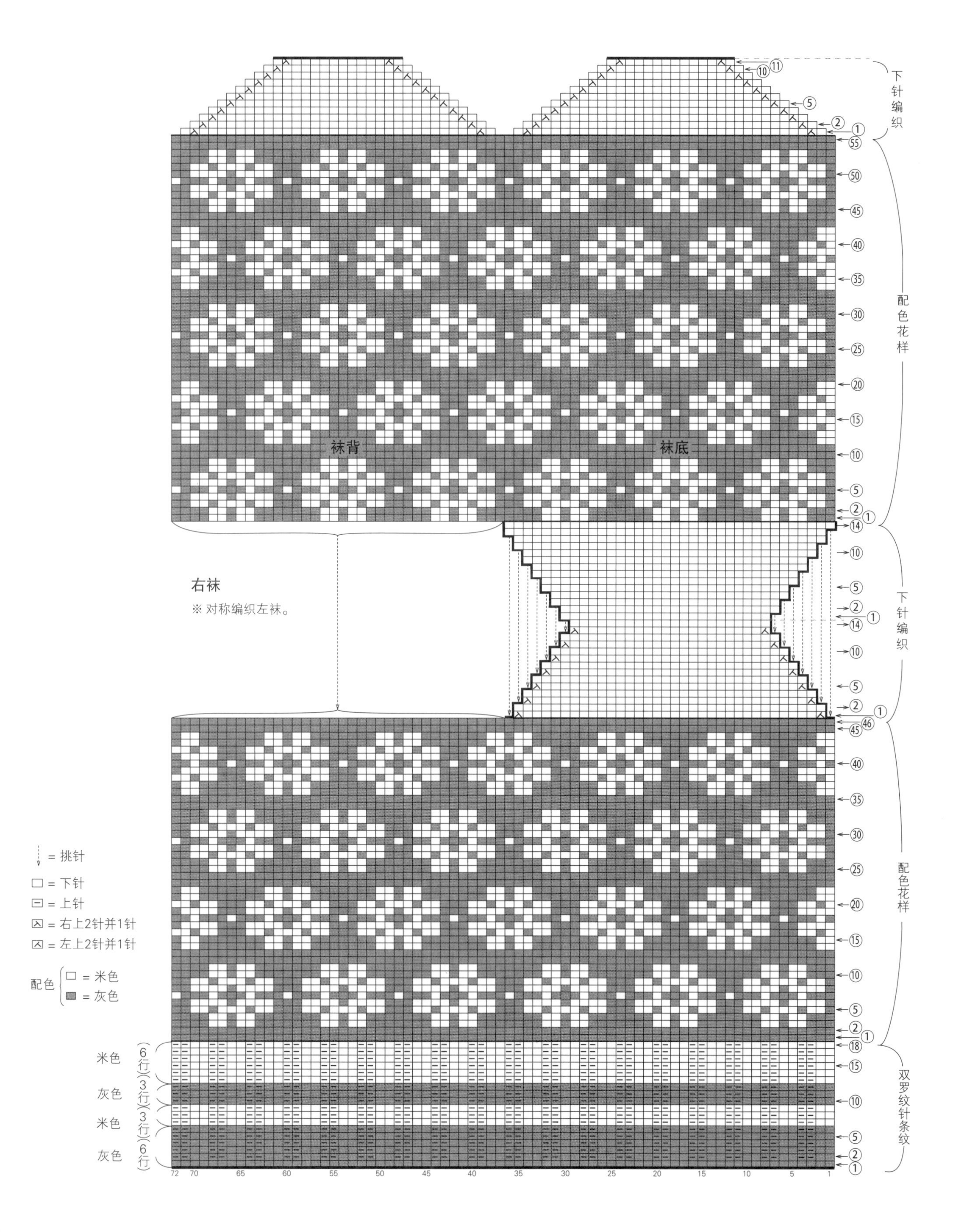

下针编织
配色花样
袜背
袜底
下针编织
右袜
※ 对称编织左袜。
配色花样
= 挑针
= 下针
= 上针
= 右上2针并1针
= 左上2针并1针
配色
= 米色
= 灰色
米色 6行
灰色 3行
米色 3行
灰色 6行
双罗纹针条纹

传统花样的帽子

图片：p.09

准备
和麻纳卡 Men's Club Master 淡灰色（56）60g、土米色（27）20g
棒针（4根）10号、8号
成品尺寸
帽围56.5cm，帽深25cm
编织密度
10cm×10cm面积内：配色花样和下针编织17针、20行
编织要点
- 手指起针96针，环形编织12行双罗纹针。
- 换针，横向渡线编织26行配色花样，然后一边分散减针一边做14行下针编织。
- 剩余12针每隔1针穿线，第2圈在没有穿线的针目上穿线，收紧针目。

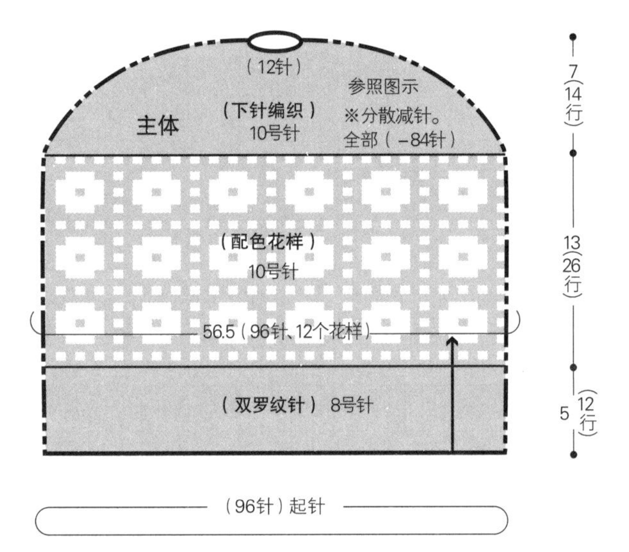

成品图

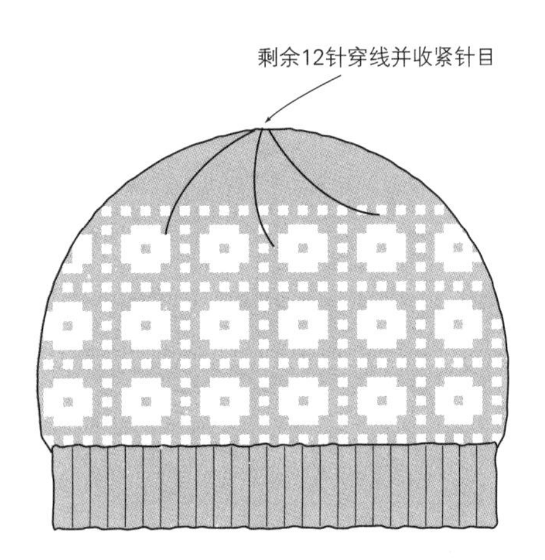

帽顶的处理方法

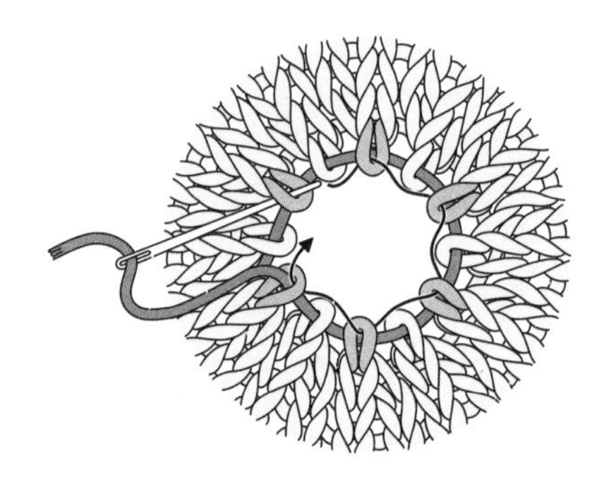

每隔1针穿线，错开着穿线2圈，收紧针目

主体

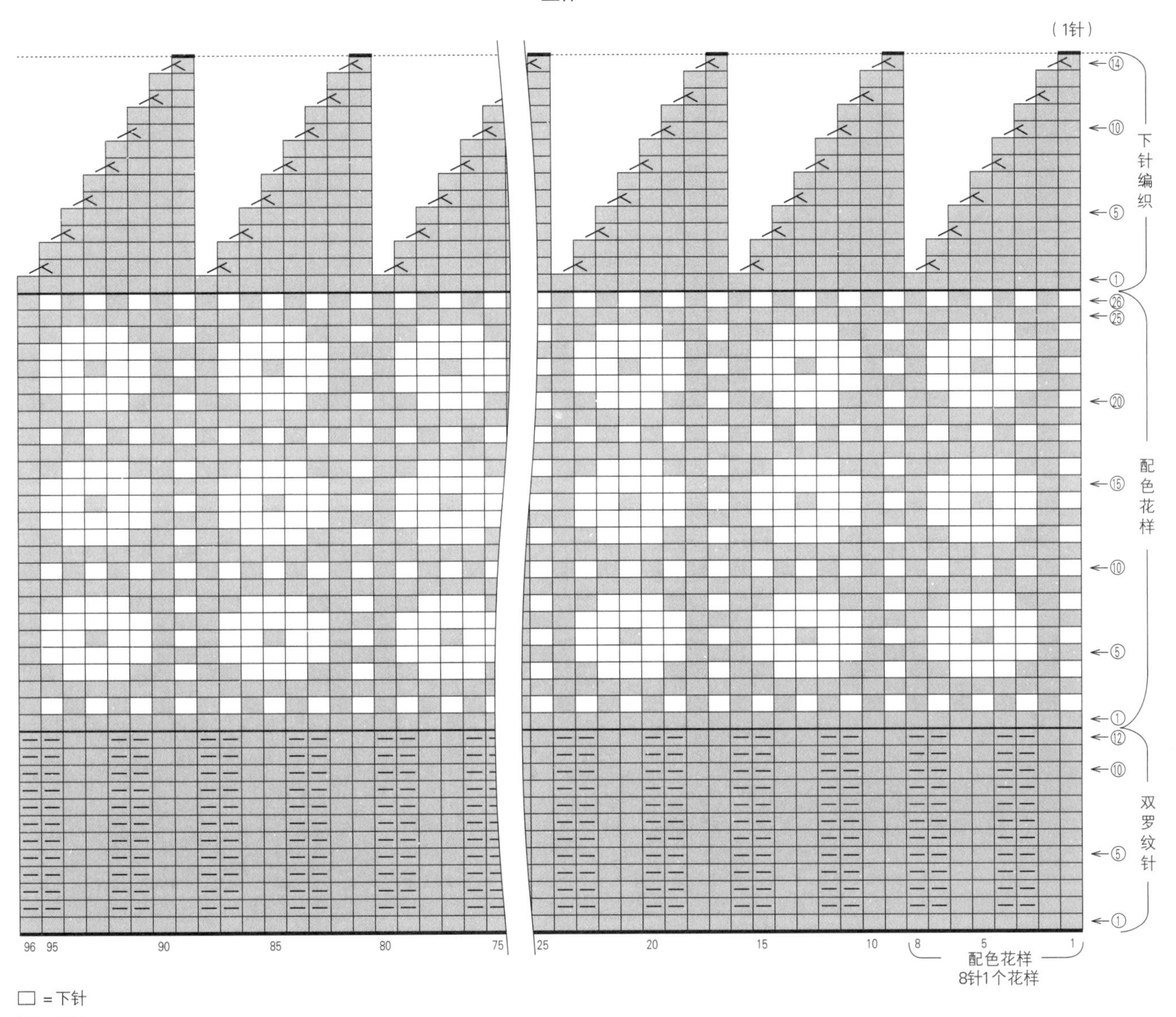

□ =下针

⊟ =上针

⋌ =左上2针并1针

配色 { □ =土米色 ; ▨ =淡灰色 }

传统花样的手套

图片：p.09

准备

和麻纳卡 Sonomono Tweed 原白色(71)25g、灰色(75)45g

棒针(5根短棒针)4号、3号

成品尺寸

掌围19cm，长26.5cm

编织密度

10cm×10cm面积内：配色花样28针、30行

编织要点

- 手指起针54针，环形编织27行单罗纹针条纹。
- 换针，横向渡线编织配色花样和下针。
- 在拇指位置编入另线，然后将针目移至左棒针，另线上方继续编织配色花样(左手和右手拇指位置不同)。
- 主体指尖按照图示减针，剩余6针穿线2圈，收紧针目。
- 拇指针目分成上下两侧，用2根棒针挑针，抽出另线。加线从两边的渡线开始逐针挑针18针，环形编织。最终行减针，剩余9针穿线2圈，收紧针目。

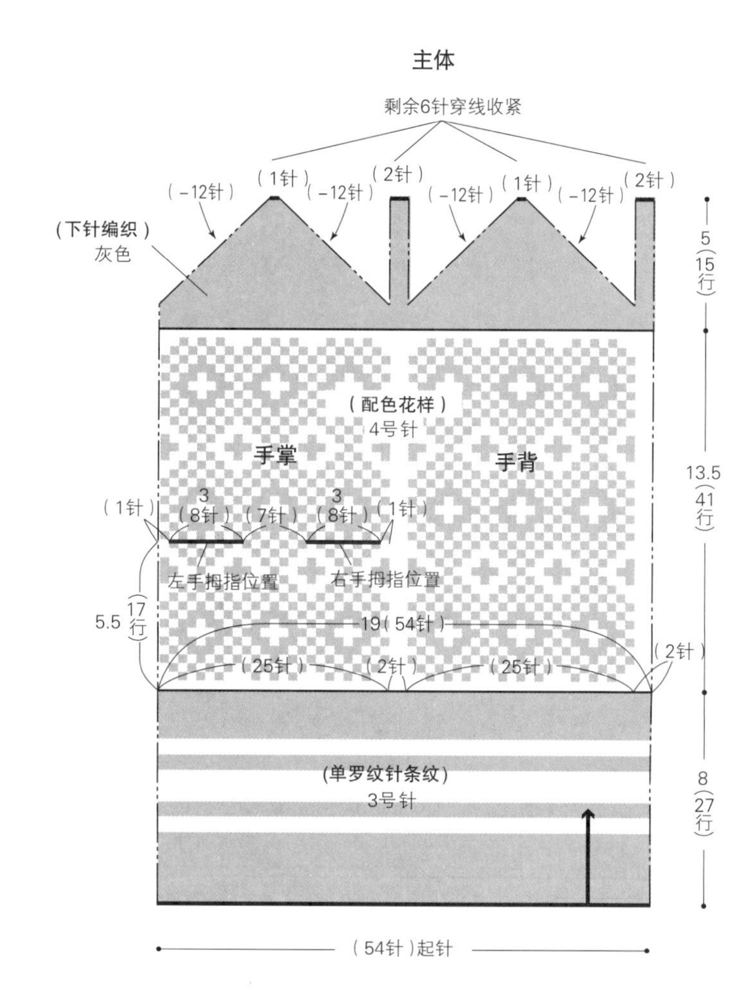

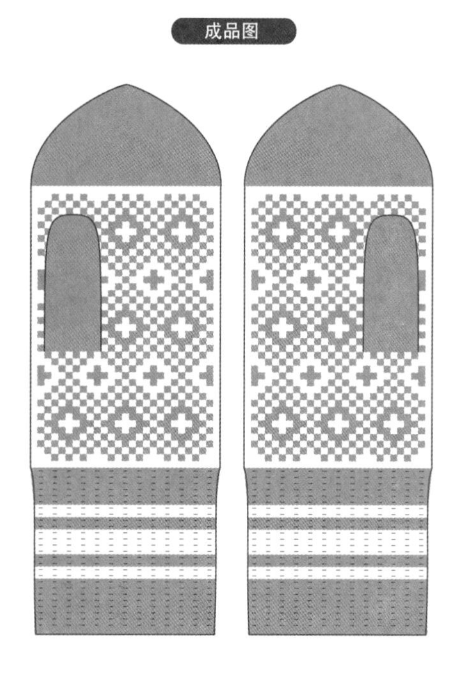

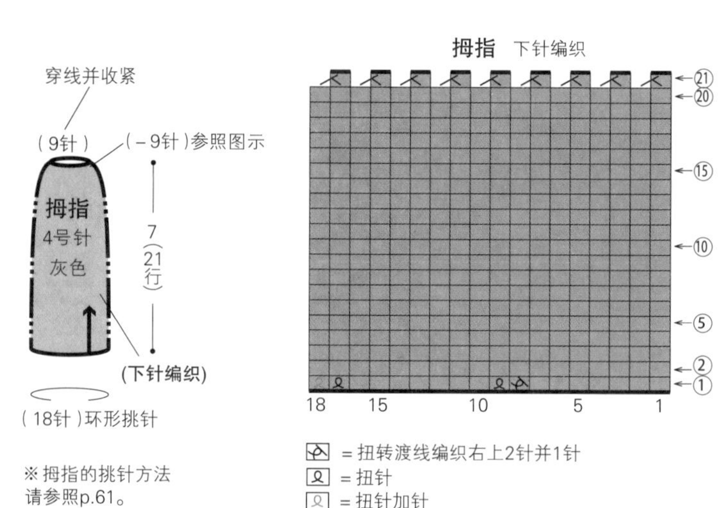

※拇指的挑针方法请参照p.61。

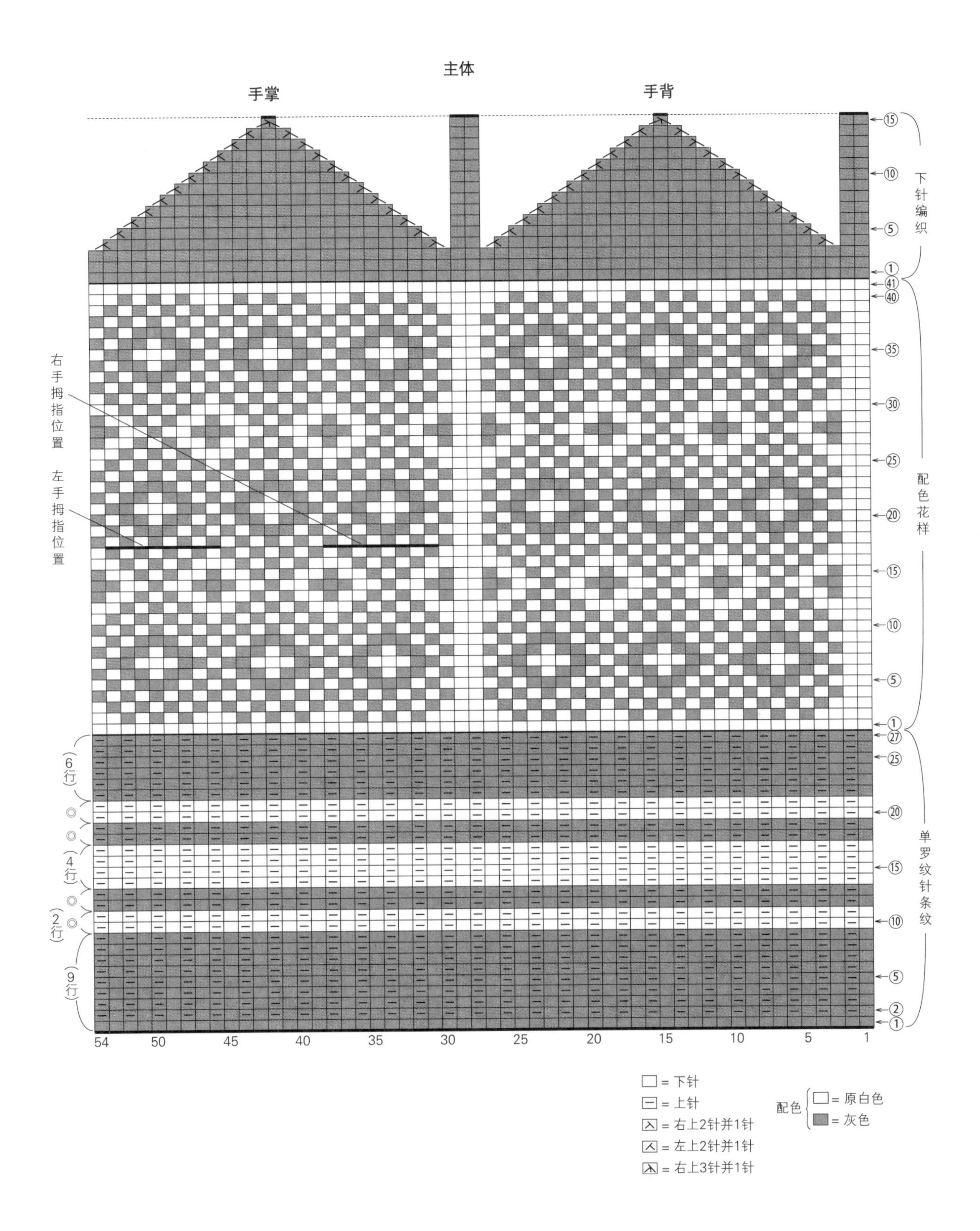
主体
手掌
手背
下针编织
配色花样
单罗纹针条纹
右手拇指位置
左手拇指位置
6行
4行
2行
9行
54
50
45
40
35
30
25
20
15
10
5
1
□ = 下针
⊟ = 上针
= 右上2针并1针
= 左上2针并1针
= 右上3针并1针
配色
□ = 原白色
■ = 灰色

森林手套

图片：p.10

准备

和麻纳卡 Sonomono（粗）原白色（1）38g、褐色（3）30g

直径13mm的褐色纽扣2颗

棒针（5根短棒针）5号、4号

成品尺寸

掌围20cm，长24.5cm

编织密度

10cm×10cm面积内：配色花样28针、30行

编织要点

●手指起针56针，环形编织20行单罗纹针条纹。在图示位置编织扣眼。

●换针，横向渡线编织配色花样。

●在拇指位置编入另线，然后将针目移至左棒针，另线上方继续编织配色花样（左手和右手拇指位置不同）。

●主体指尖按照图示减针，剩余8针穿线2圈，收紧针目。

●拇指针目分成上下两侧，用2根棒针挑针，抽出另线。加线从两边的渡线开始逐针挑针18针，环形编织。最终行减针，剩余9针穿线2圈，收紧针目。

●饰边，手指起针13针，编织单罗纹针。在图示位置编织扣眼。编织终点编织和最终行相同的针目，做伏针收针。

●在手套上缝上饰边和纽扣。

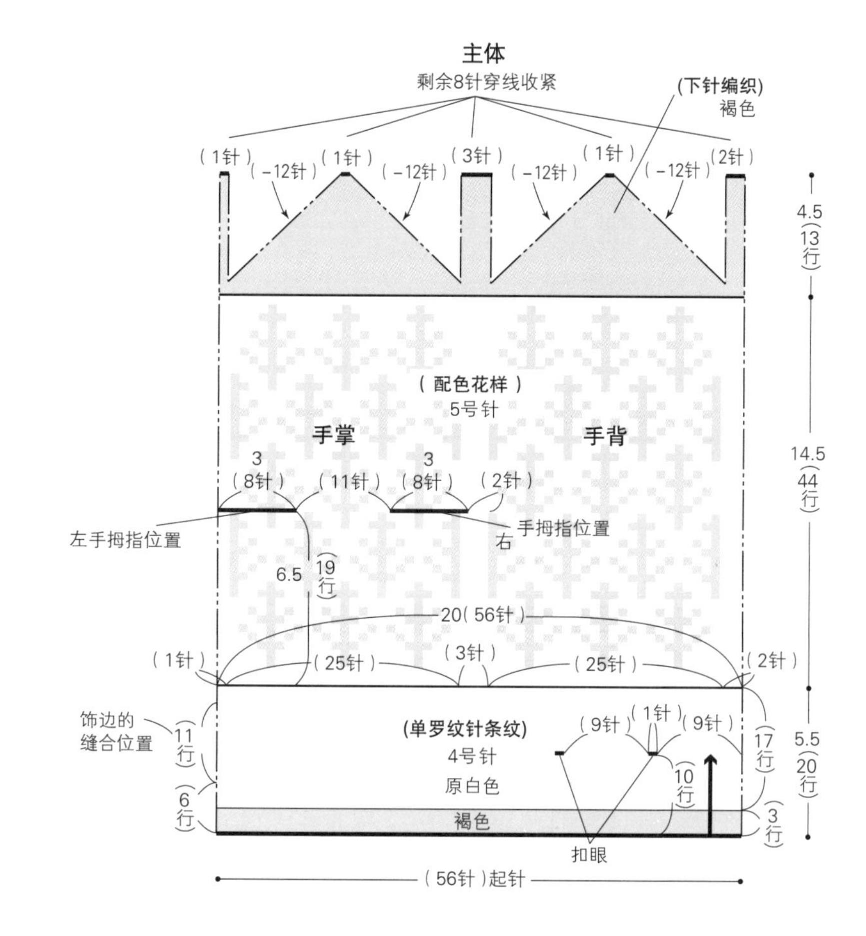

围巾

准备

和麻纳卡 Sonomono（粗）原白色（1）140g

直径13mm的白色纽扣4颗

棒针（2根）5号、10号

成品尺寸

宽11cm，长129cm

编织密度

10cm×10cm面积内：编织花样27.5针、25.5行

编织要点

※取2根线编织。

●手指起针27针，编织24行单罗纹针。换针，第1行编织3针加针，做编织花样。

●编织288行以后，减针3针，编织单罗纹针。编织终点编织和最终行相同的针目，做伏针收针。

●缝上纽扣。

※编织方法图见p.74。

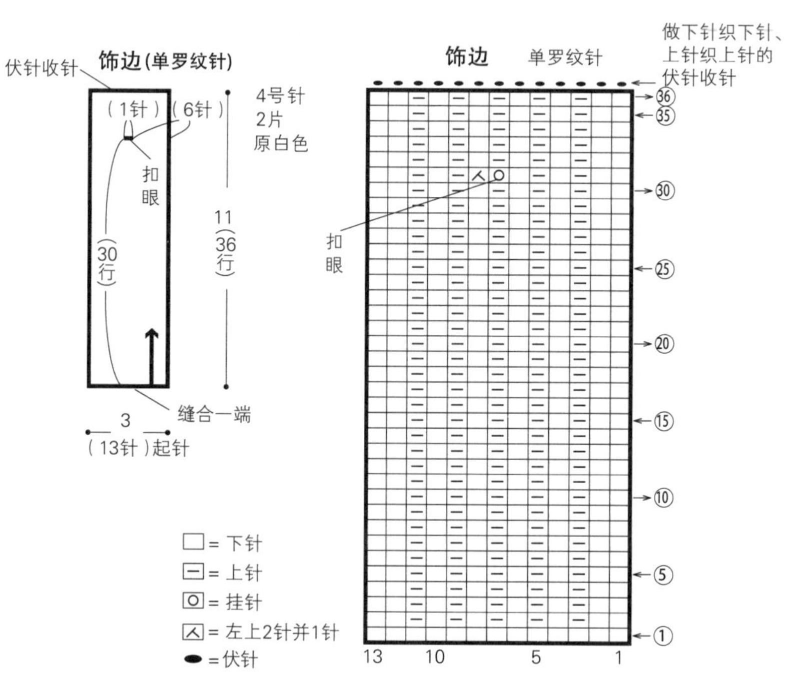

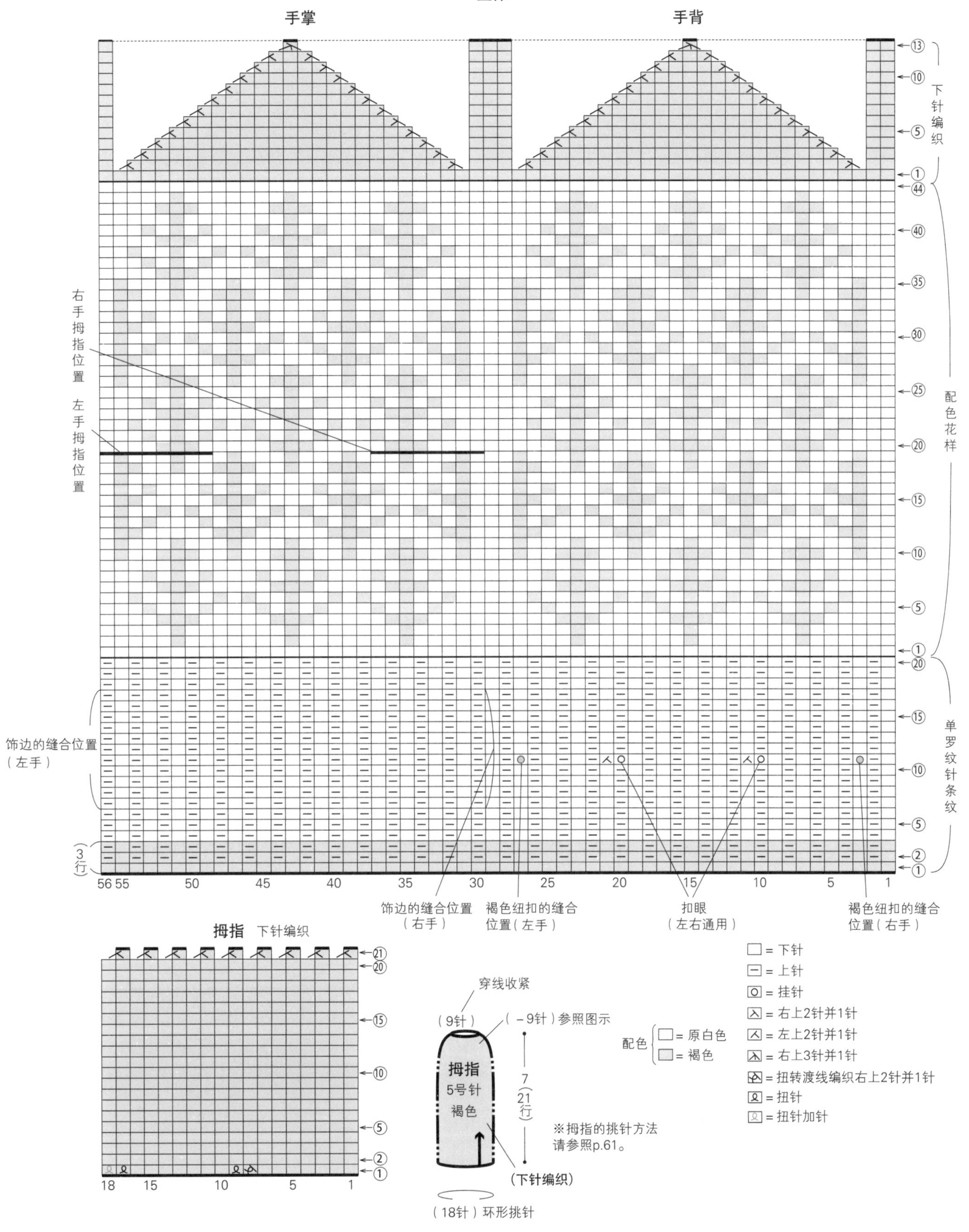
主体
手掌
手背
下针编织
配色花样
单罗纹针条纹
右手拇指位置
左手拇指位置
饰边的缝合位置（左手）
3行
饰边的缝合位置（右手）
褐色纽扣的缝合位置（左手）
扣眼（左右通用）
褐色纽扣的缝合位置（右手）
拇指 下针编织
穿线收紧
（9针）
（－9针）参照图示
拇指
5号针
褐色
7（21行）
（下针编织）
（18针）环形挑针
※拇指的挑针方法请参照p.61。
配色
= 原白色
= 褐色
= 下针
= 上针
= 挂针
= 右上2针并1针
= 左上2针并1针
= 右上3针并1针
= 扭转渡线编织右上2针并1针
= 扭针
= 扭针加针

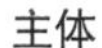

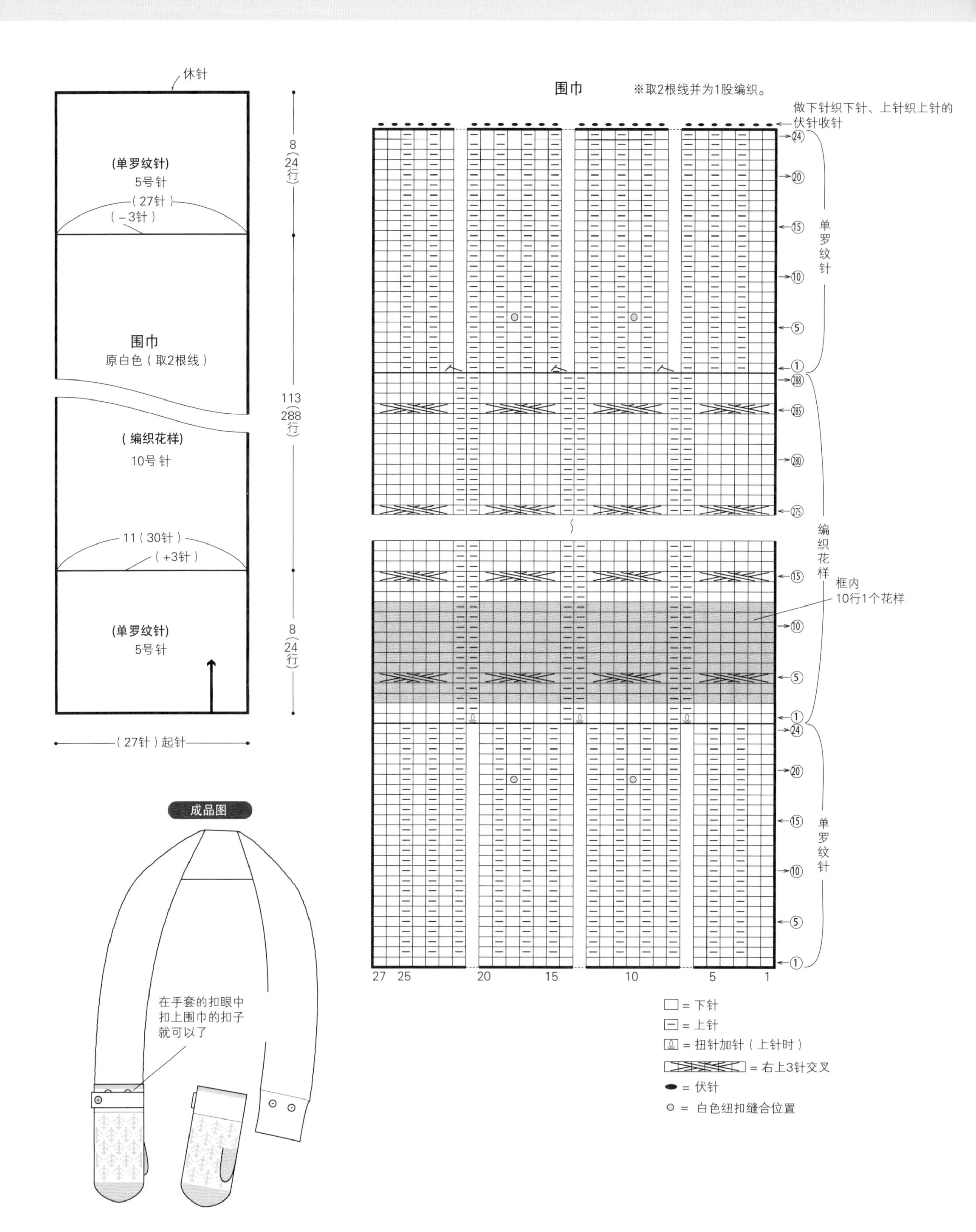
休针
(单罗纹针)
5号针
(27针)
(－3针)
8
(24行)
围巾
原白色(取2根线)
(编织花样)
10号针
113
(288行)
11(30针)
(+3针)
(单罗纹针)
5号针
8
(24行)
(27针)起针
成品图
在手套的扣眼中
扣上围巾的扣子
就可以了
围巾
※取2根线并为1股编织。
做下针织下针、上针织上针的
伏针收针
单罗纹针
编织花样
框内
10行1个花样
27
25
20
15
10
5
1
□ = 下针
⊟ = 上针
= 扭针加针(上针时)
= 右上3针交叉
● = 伏针
◎ = 白色纽扣缝合位置

松鼠手套

图片：p.13

准备

和麻纳卡 Aran Tweed 原白色（1）40g、褐色（8）30g

棒针（5根短棒针）7号、6号

成品尺寸

掌围21cm，长24cm

编织密度

10cm×10cm面积内：配色花样21针、24.5行

编织要点

- 左手，手指起针38针，环形编织15行单罗纹针条纹。
- 换针，第1行加针6针，横向渡线编织配色花样。
- 在拇指位置编入另线，然后将针目移至左棒针，另线上方继续编织配色花样（左手和右手拇指位置不同）。
- 主体指尖按照图示减针，剩余8针穿线2圈，收紧针目。
- 拇指针目分成上下两侧，用2根棒针挑针，抽出另线。加线从两边的渡线开始逐针挑针14针，环形编织。最终行减针，剩余7针穿线2圈，收紧针目。
- 参照图示按照和左手相同的方法编织右手。

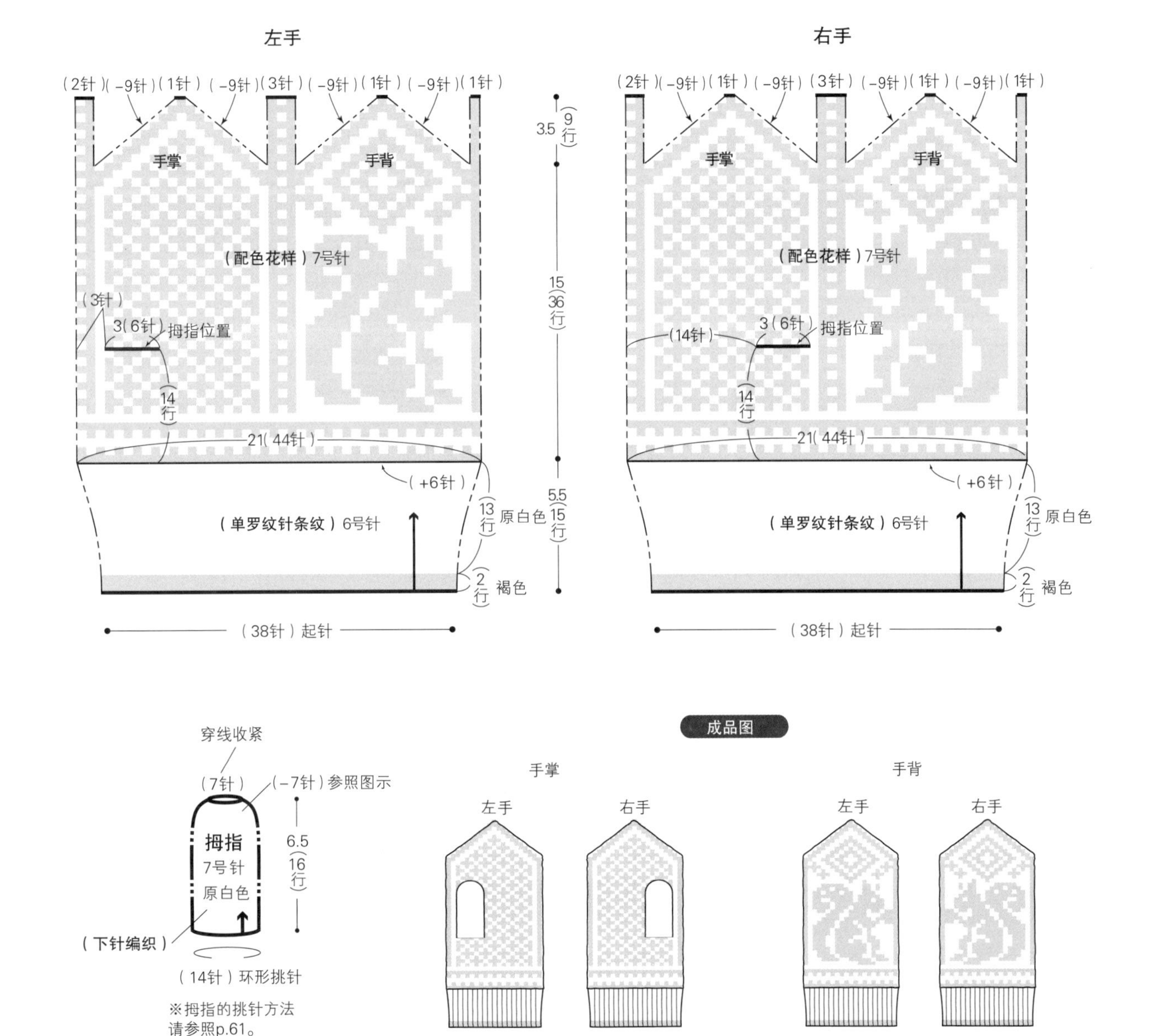

左手

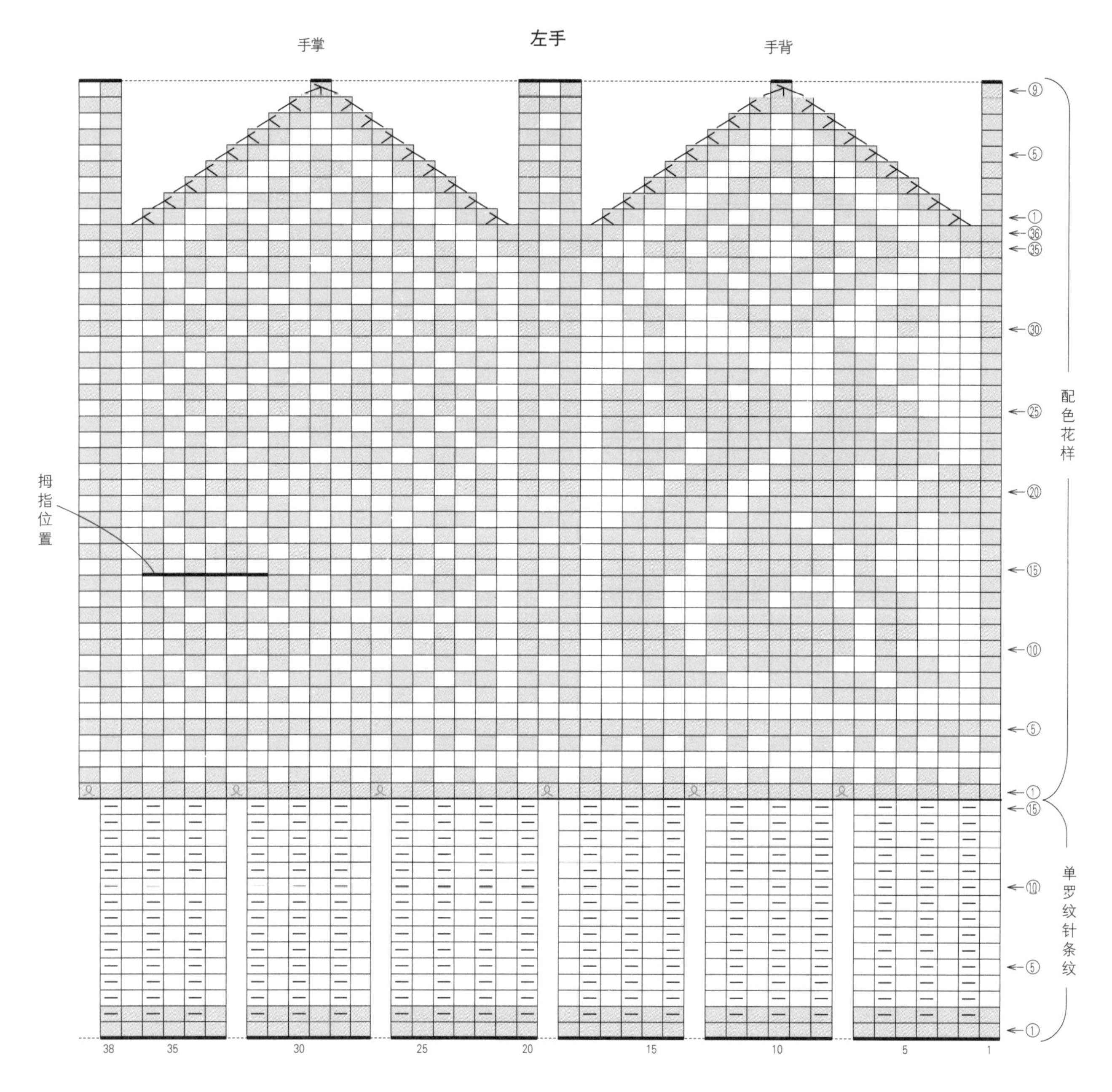

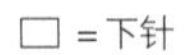

□ =下针

⊟ =上针

=扭针加针

=右上2针并1针

=左上2针并1针

=右上3针并1针

=扭转渡线编织右上2针并1针

=扭针

配色
□ =原白色
■ =褐色

拇指

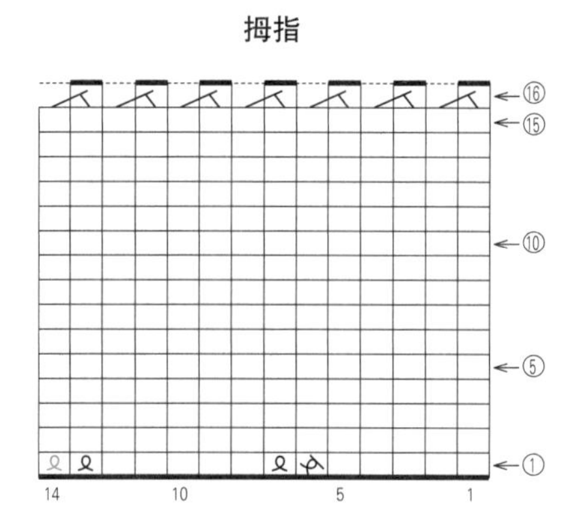

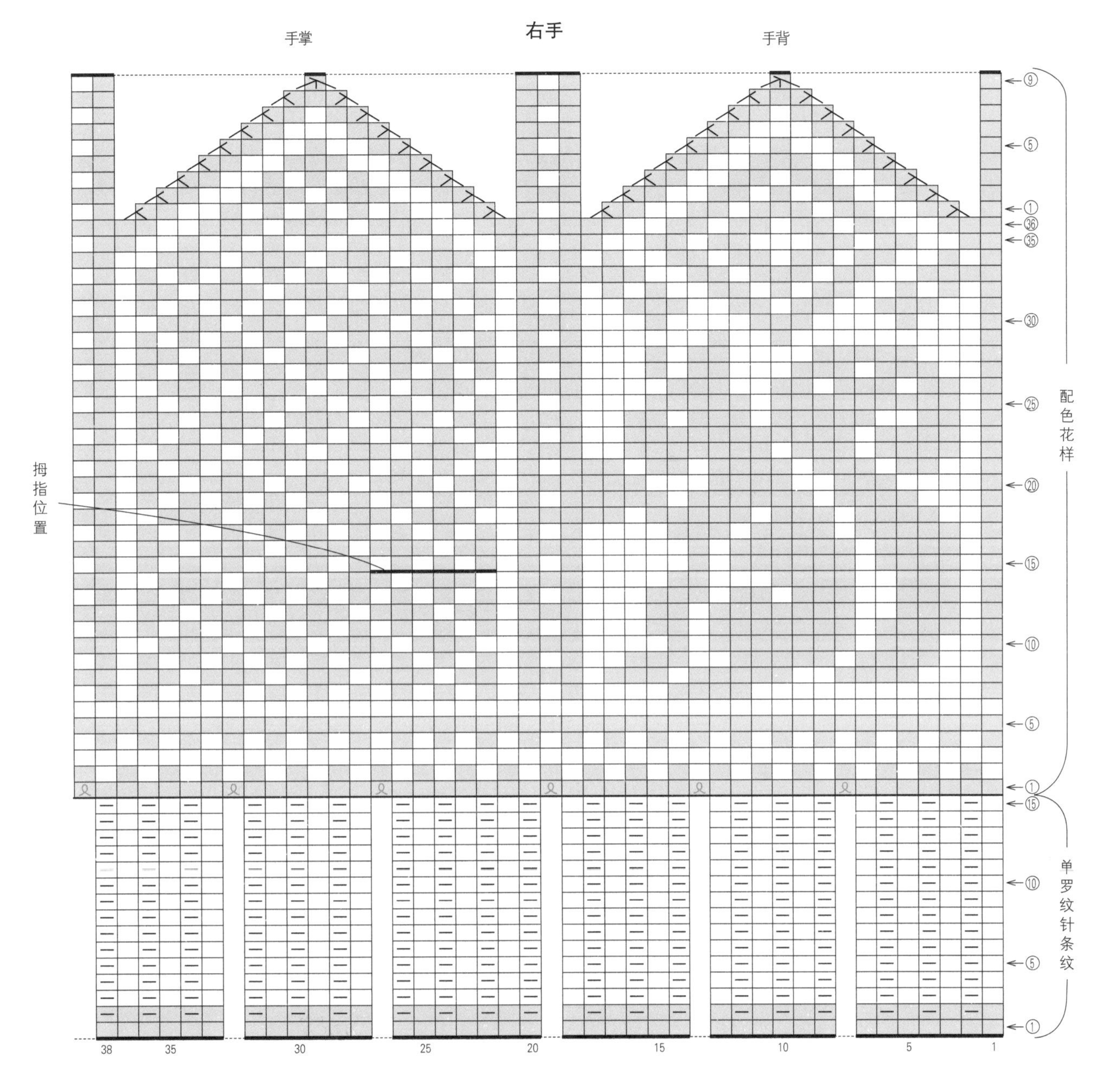

□ = 下针

⊟ = 上针

= 扭针加针

= 右上2针并1针

= 左上2针并1针

= 右上3针并1针

配色 { □ = 原白色
　　 { ■ = 褐色

花朵手套

图片：p.12

准备

粗毛线 炭灰色55g、黄色20g

（推荐毛线→和麻纳卡 Amerry）

棒针（5根短棒针）5号、4号

成品尺寸

掌围21cm，长27cm

编织密度

10cm×10cm面积内：配色花样24针、26行

编织要点

●手指起针44针，环形编织24行双罗纹针。

●换针，第1行加针6针，横向渡线编织配色花样。

●在拇指位置编入另线，然后将针目移至左棒针，另线上方继续编织配色花样（左手和右手拇指位置不同）。

●主体指尖按照图示减针，剩余10针穿线2圈，收紧针目。

●拇指针目分成上下两侧，用2根棒针挑针，抽出另线。加线从两边的渡线开始逐针挑针16针，环形编织。最终行减针，剩余8针穿线2圈，收紧针目。

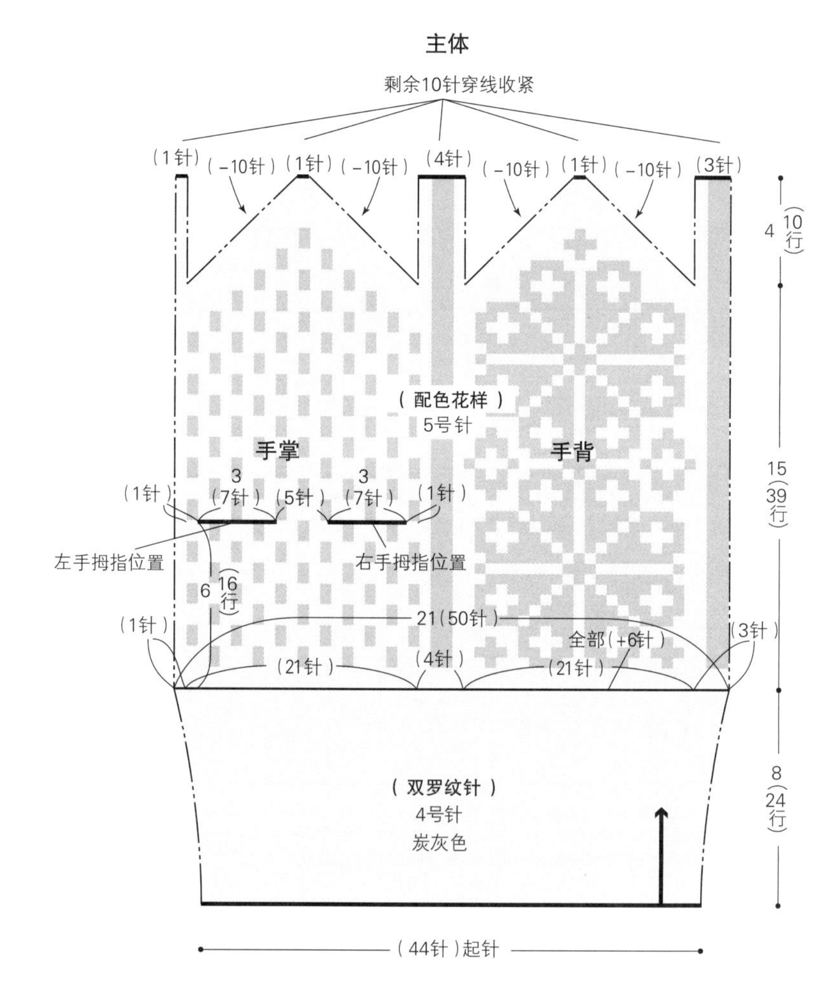

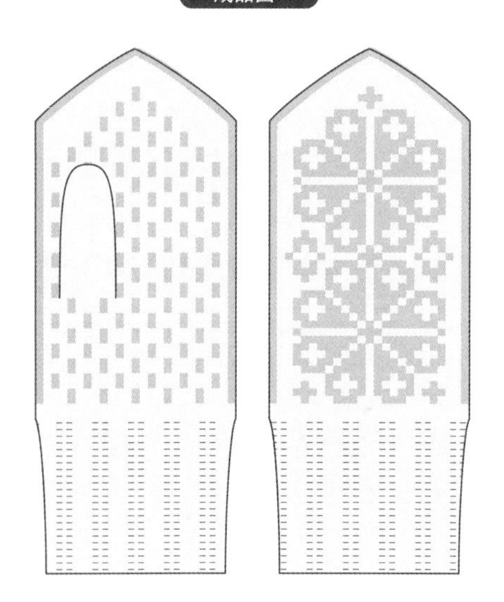

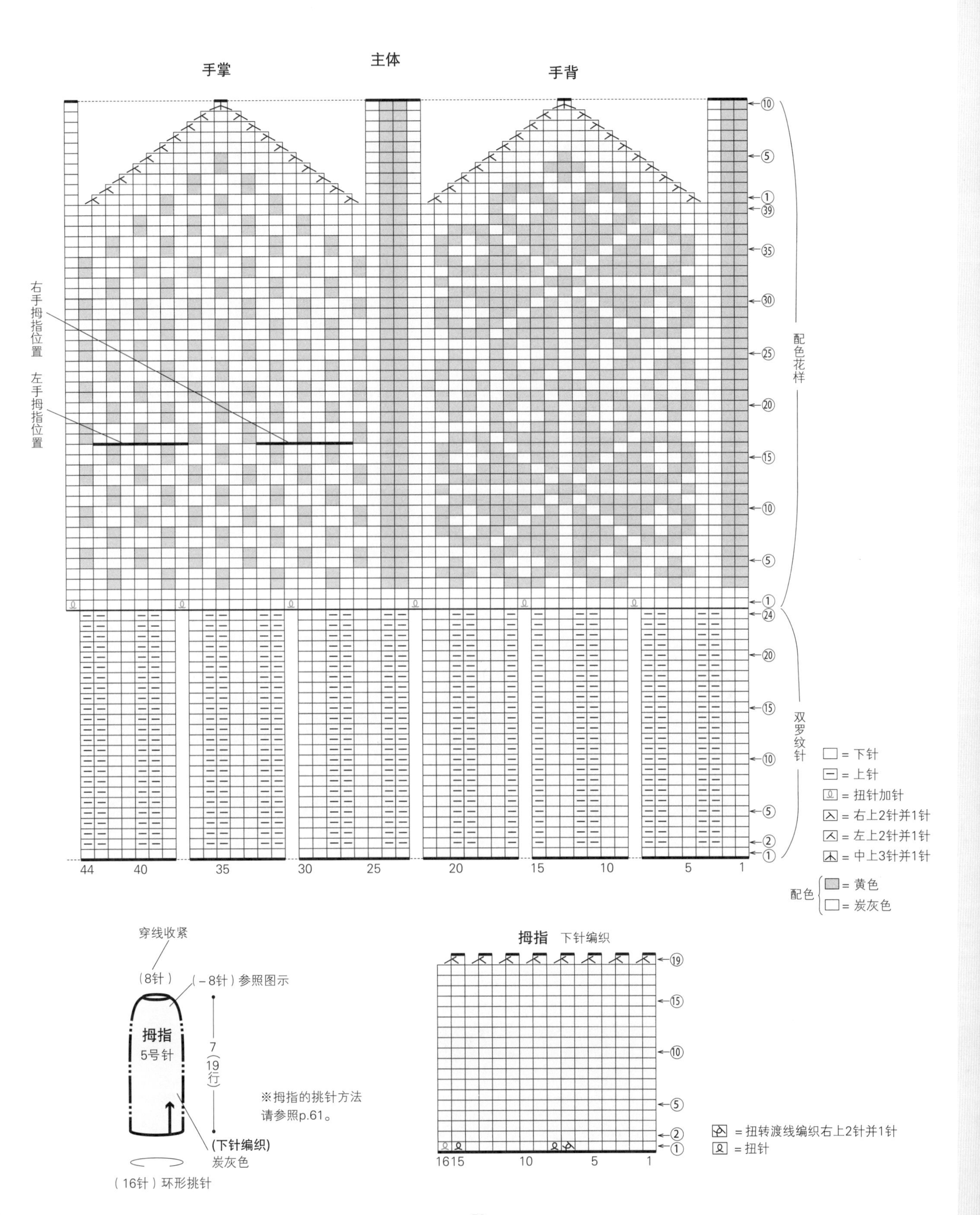
主体
手掌
手背
右手拇指位置
左手拇指位置
配色花样
双罗纹针
44
40
35
30
25
20
15
10
5
1
□ = 下针
⊟ = 上针
= 扭针加针
= 右上2针并1针
= 左上2针并1针
= 中上3针并1针
配色
= 黄色
□ = 炭灰色
穿线收紧
（8针）
（－8针）参照图示
拇指
5号针
7
（19行）
（下针编织）
炭灰色
（16针）环形挑针
※拇指的挑针方法
请参照p.61。
拇指 下针编织
= 扭转渡线编织右上2针并1针
= 扭针

不同配色的绒球帽子

图片：p.14、p.15

准备

p.14 配色1…和麻纳卡 Men's Club Master 藏青色（23）85g、红色（42）20g、土米色（27）10g

p.15 配色2…和麻纳卡 Men's Club Master 土米色（27）85g、藏青色（23）30g

通用…棒针（4根）10号、8号

成品尺寸

帽围52cm，帽深24cm

编织密度

10cm×10cm面积内：配色花样17针、20行

编织要点

- 手指起针88针，环形编织34行双罗纹针。
- 换针，横向渡线编织28行配色花样，然后一边分散减针一边编织6行。
- 剩余22针每隔1针穿线，第2圈在没有穿线的针目上穿线，收紧针目。
- 参照图示制作绒球，缝在帽顶上。

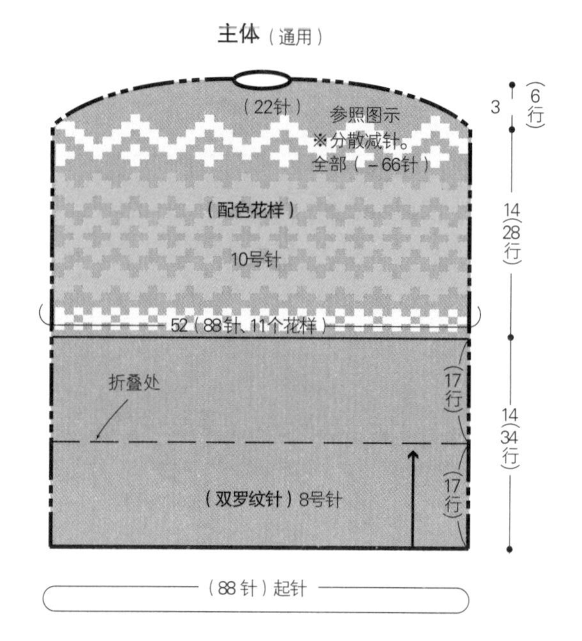

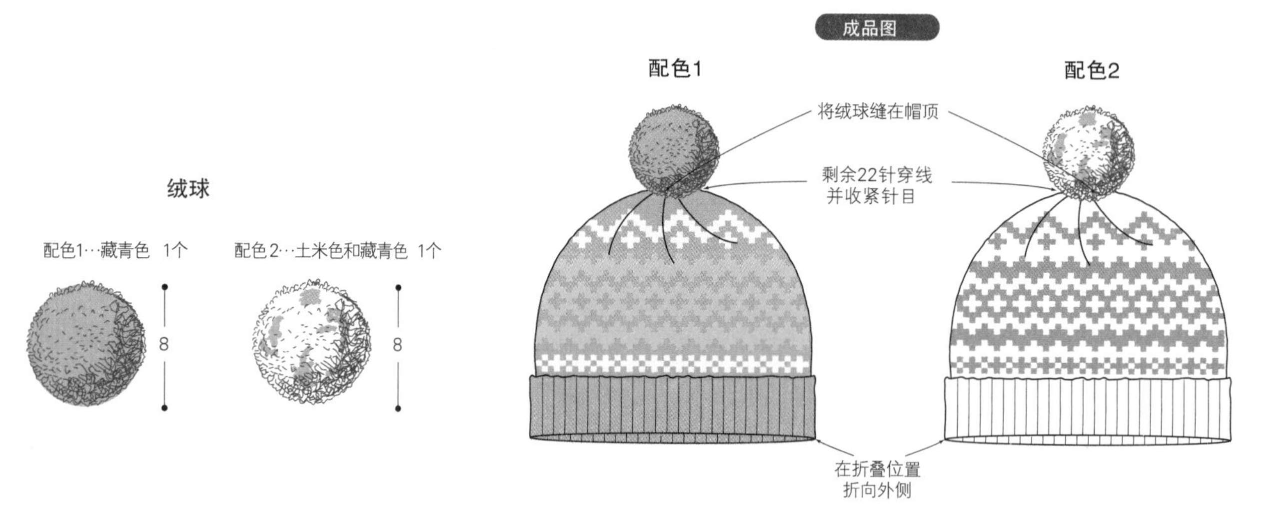

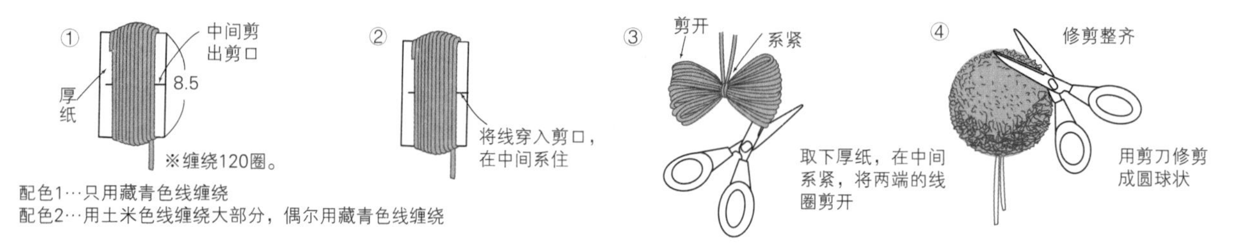

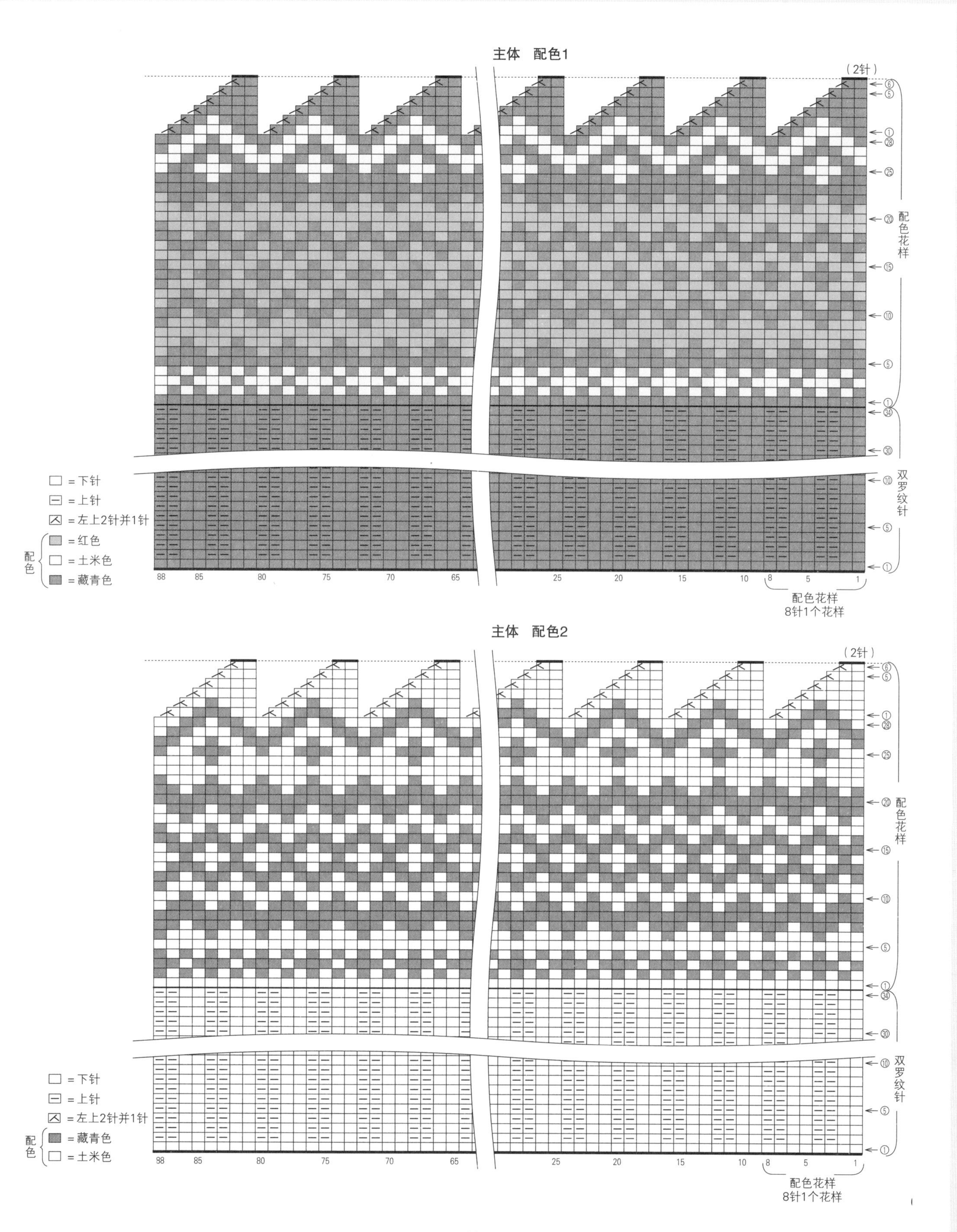
主体 配色1
（2针）
配色花样
双罗纹针
□ = 下针
⊟ = 上针
⋌ = 左上2针并1针
配色
= 红色
= 土米色
= 藏青色
88 85 80 75 70 65 25 20 15 10 8 5 1
配色花样
8针1个花样
主体 配色2
（2针）
配色花样
双罗纹针
□ = 下针
⊟ = 上针
⋌ = 左上2针并1针
配色
= 藏青色
= 土米色
88 85 80 75 70 65 25 20 15 10 8 5 1
配色花样
8针1个花样

儿童圆帽

图片：p.16

准备

和麻纳卡 Men's Club Master 土米色（27）44g、红色（42）10g、蓝色（62）10g

棒针（4根）10号、8号

成品尺寸

帽围44.5cm，帽深19cm

编织密度

10cm×10cm面积内：配色花样18针、23行

编织要点

- 手指起针80针，环形编织10行双罗纹针。
- 换针，横向渡线编织15行配色花样。第16行开始编织下针条纹花样。
- 剩余10针每隔1针穿线，第2圈在没有穿线的针目上穿线，收紧针目。
- 参照图示制作绒球，缝在帽顶上。

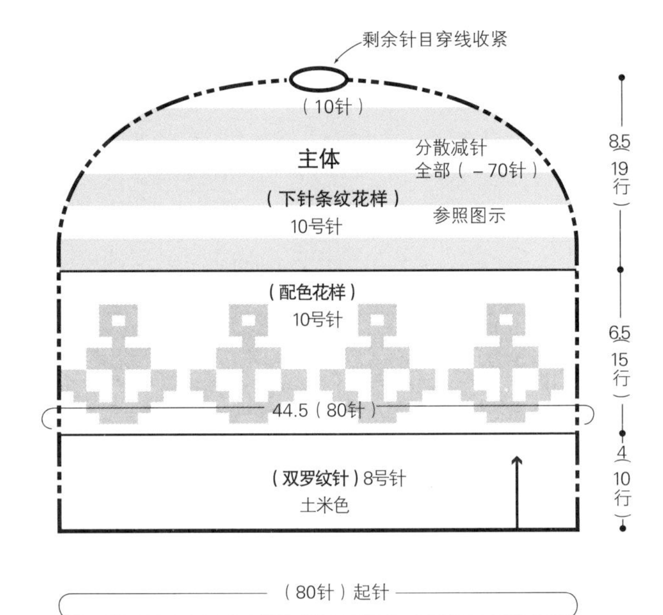

完成图

※将绒球缝在帽顶。

绒球的制作方法

①

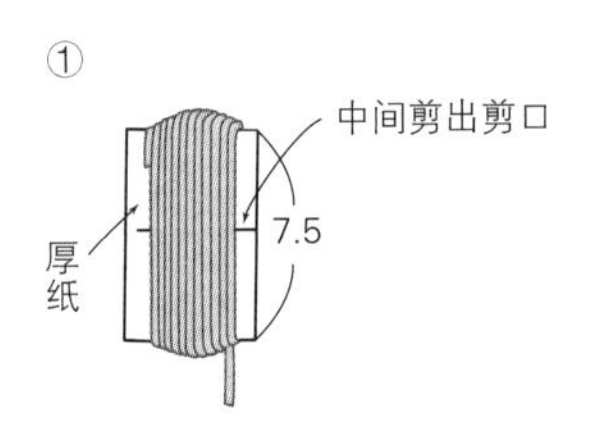

在宽7.5cm的厚纸上缠绕100圈毛线（用土米色毛线缠绕大部分，偶尔用红色毛线缠绕）

②

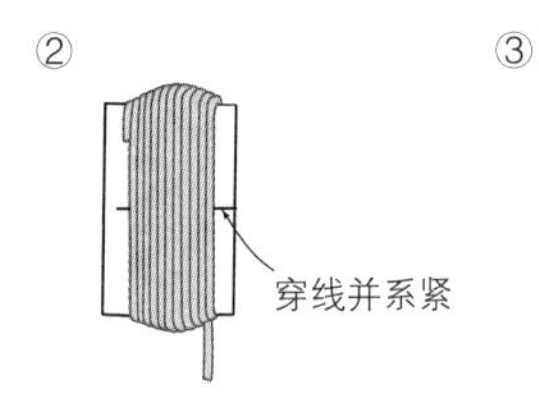

将线穿入剪口，在中间系住

③

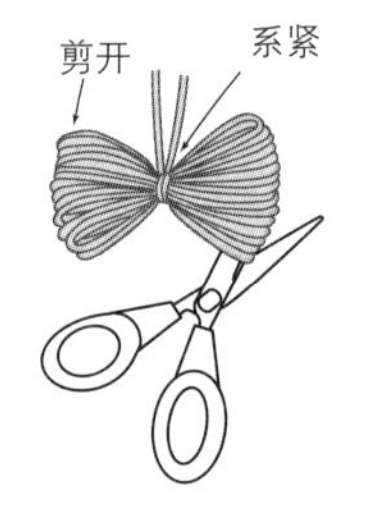

取下厚纸，在中间系紧，将两端的线圈剪开

④

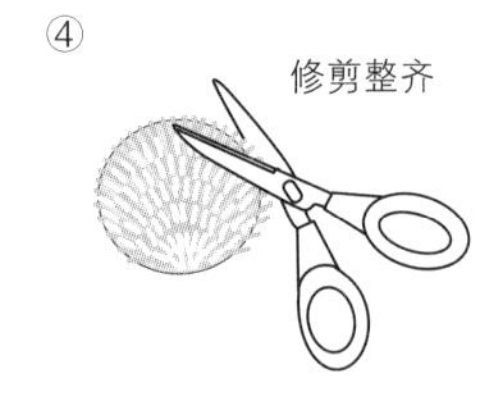

用剪刀修剪成圆球状

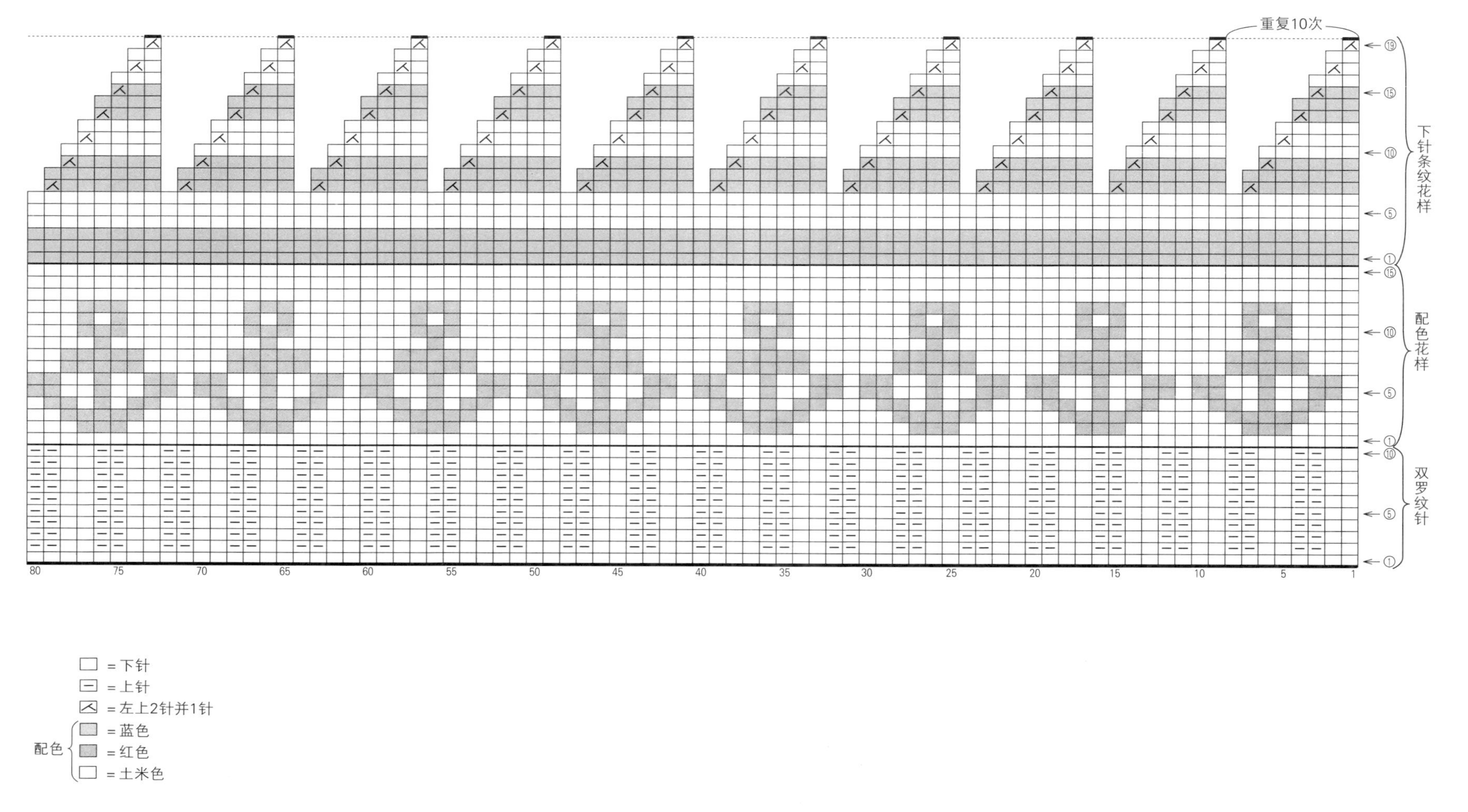
重复10次
下针条纹花样
配色花样
双罗纹针
= 下针
= 上针
= 左上2针并1针
配色
= 蓝色
= 红色
= 土米色

宝宝手套

图片：p.17

准备

粗毛线 橙色20g、白色15g、蓝色5g
（推荐毛线→和麻纳卡 Wanpaku Denis）
棒针（5根短棒针）5号

成品尺寸

掌围17cm，长17.5cm

编织密度

10cm×10cm面积内：配色花样24针、28行

编织要点

- 手指起针34针，环形编织13行单罗纹针。
- 第1行加针6针，横向渡线编织配色花样。
- 在拇指位置编入另线，然后将针目移至左棒针，另线上方继续编织配色花样（左手和右手拇指位置不同）。
- 主体指尖按照图示减针，剩余8针穿线2圈，收紧针目。
- 拇指针目分成上下两侧，用2根棒针挑针，抽出另线。加线从两边的渡线开始逐针挑针14针，环形编织。最终行减针，剩余7针穿线2圈，收紧针目。

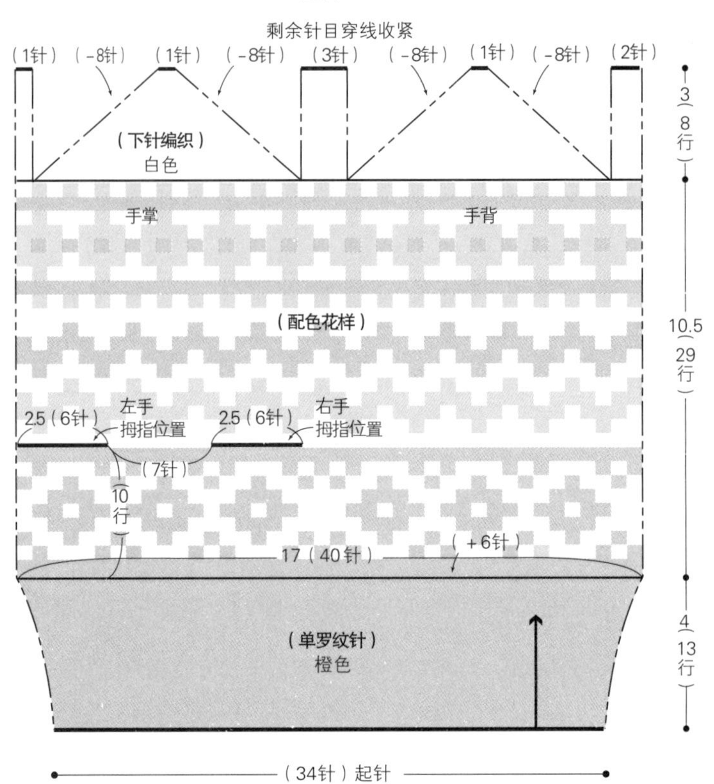

※全部使用5号针编织。

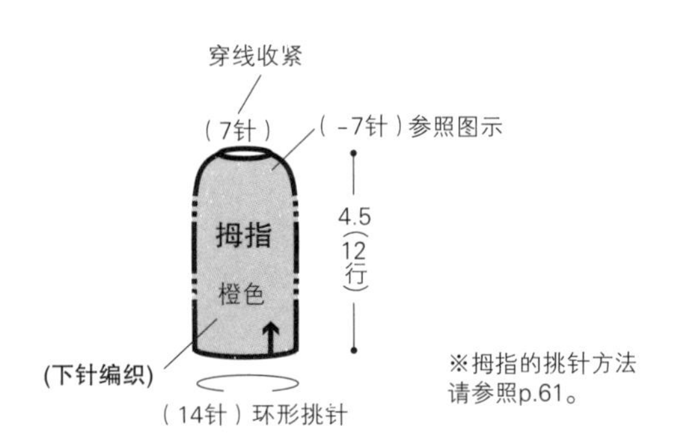

※拇指的挑针方法请参照p.61。

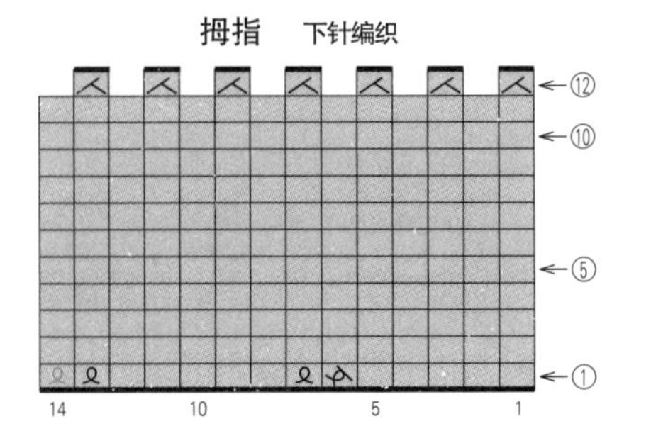

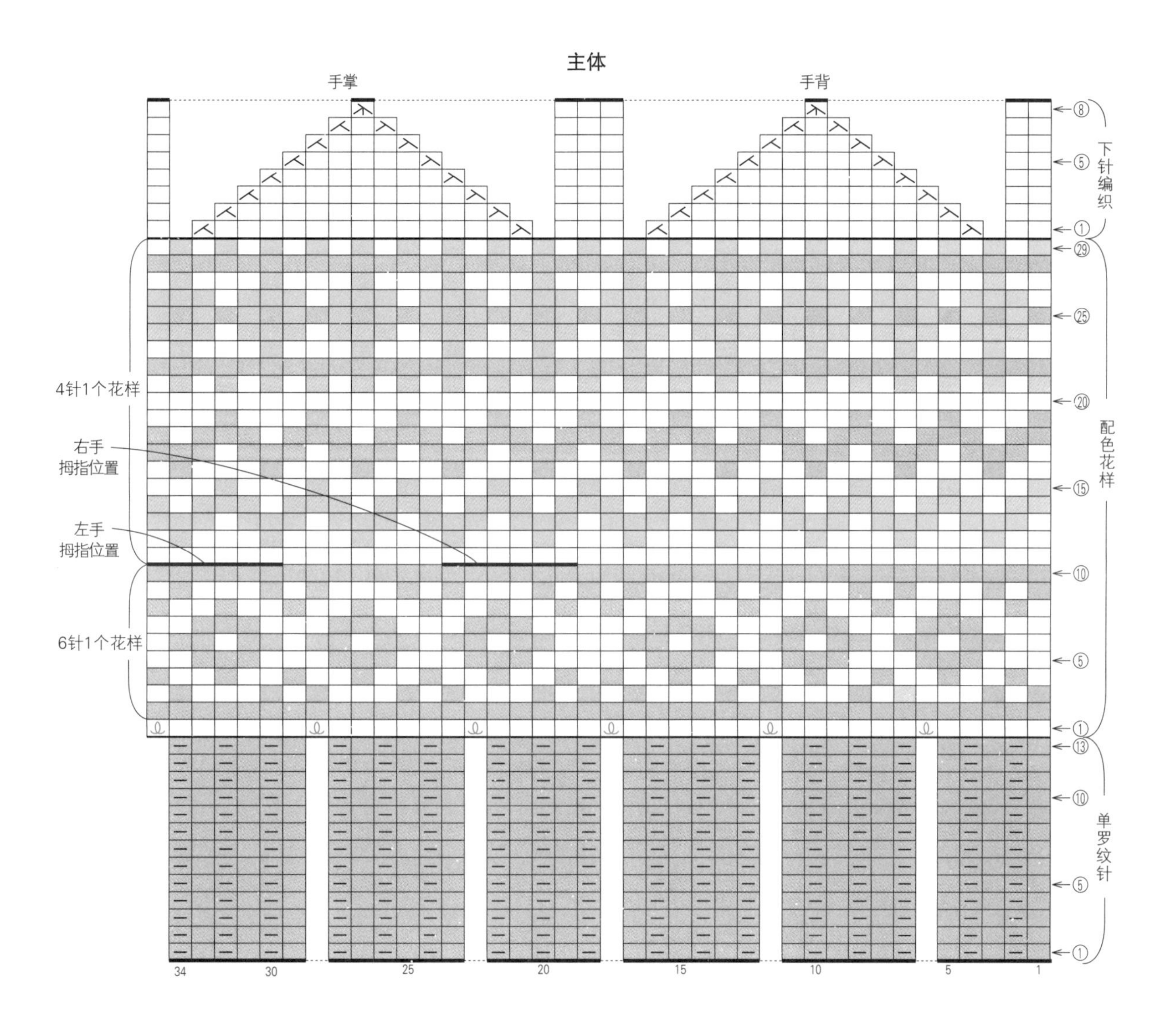

□ = 下针
⊟ = 上针
= 左上2针并1针
= 右上2针并1针
= 右上3针并1针
= 扭针加针
= 扭转渡线编织右上2针并1针
= 扭针

配色：
= 蓝色
□ = 白色
= 橙色

充满个性的帽子

图片：p.18、p.19　编织要点：p.54

准备

和麻纳卡 Men's Club Master
基础款…土米色（27）85g、藏青色（23）30g
A…红色（42）100g　B…深棕色（58）130g　C…灰蓝色（66）100g　D…绿色（65）130g
仅B、D…直径22mm的纽扣各2颗
通用…棒针（4根）9号、8号

成品尺寸

帽围54cm，帽深23.5cm（不含护耳）

编织密度

10cm×10cm面积内：编织花样14针、28行

编织要点

- 手指起针76针，环形编织26行双罗纹针。
- 换针，横向渡线编织45行编织花样，然后一边分散减针一边编织5行。※反拉针（2行）的编织方法请参照p.54。
- 剩余32针每隔1针穿线，第2圈在没有穿线的针目上穿线，收紧针目。
- 参照图示制作绒球，缝在帽顶上。
- 护耳手指起针16针，编织22行双罗纹针，然后一边减针一边编织6行。剩余6针每3针对齐，做下针的无缝缝合。
- 在主体双罗纹针部分的反面缝上纽扣。

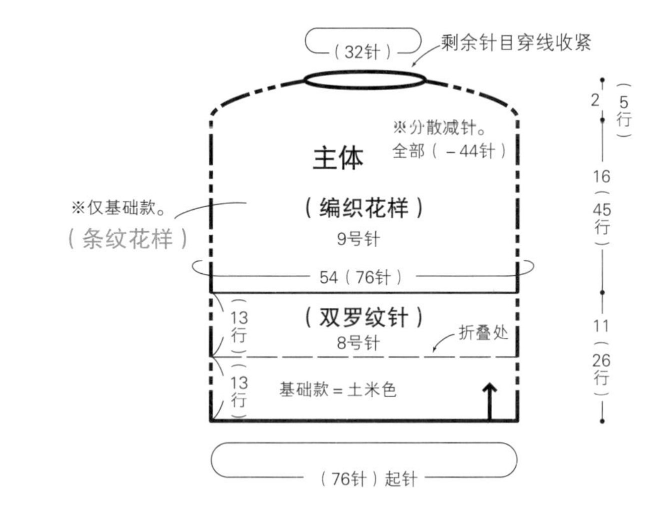

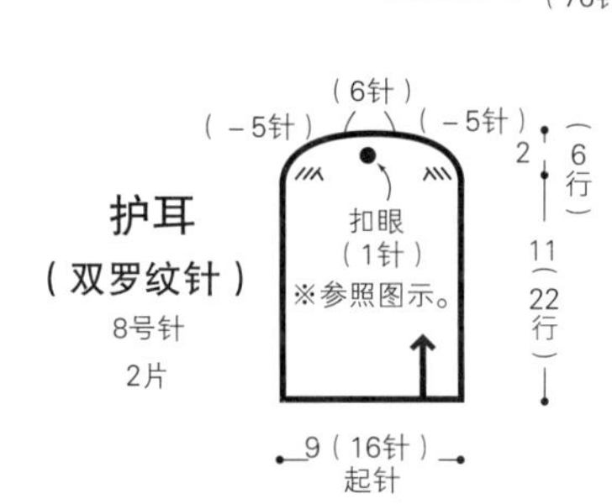

□＝上针
⋋＝右上2针并1针
⋌＝左上2针并1针
＝上针的左上2针并1针
○＝挂针

护耳

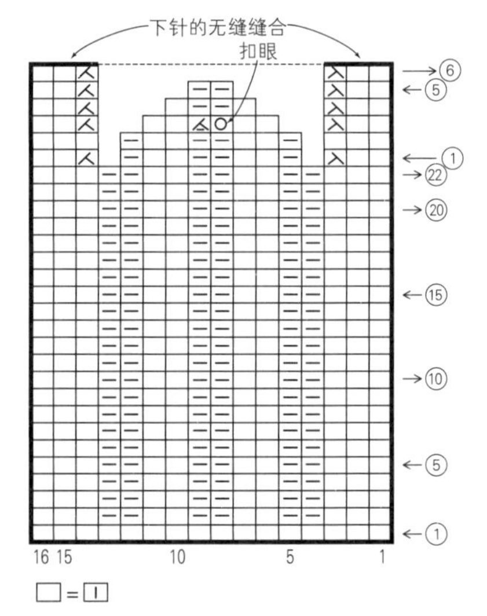

□＝Ⅰ

护耳的缝合方法

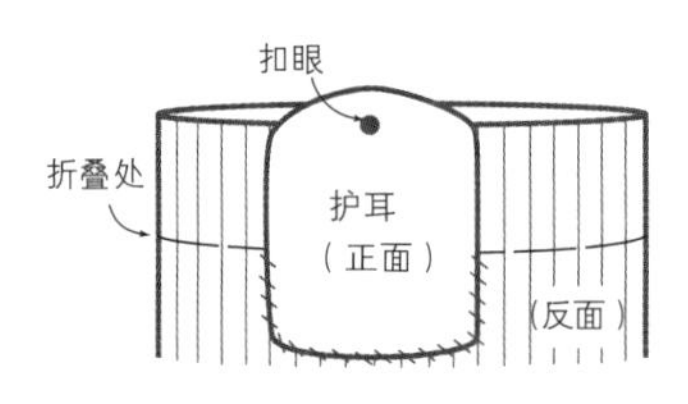

护耳缝在主体反面，注意线头不要露到正面，缝到折叠处为止

绒球

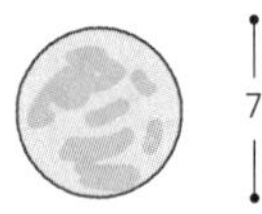

绒球的制作方法

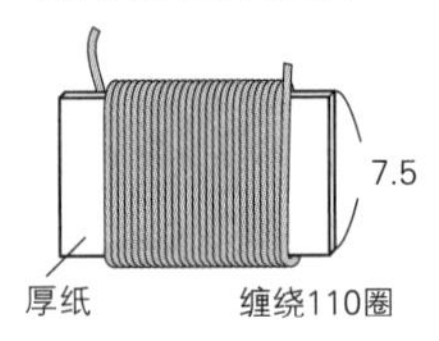

中间系紧，
两端剪开，
修整形状

完成

基础款

A、C款

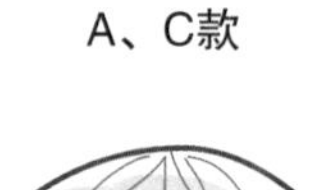

B、D款

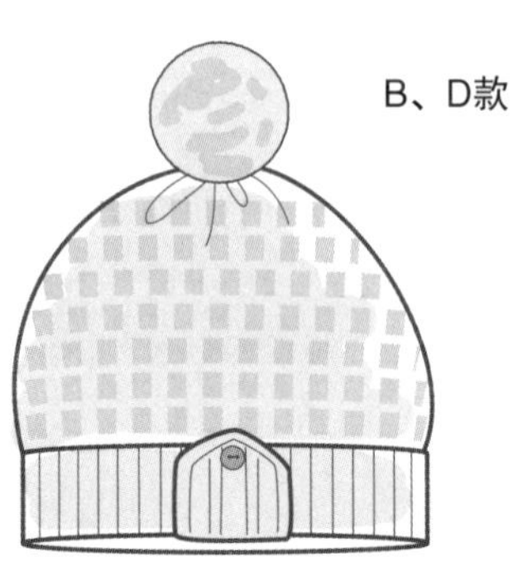

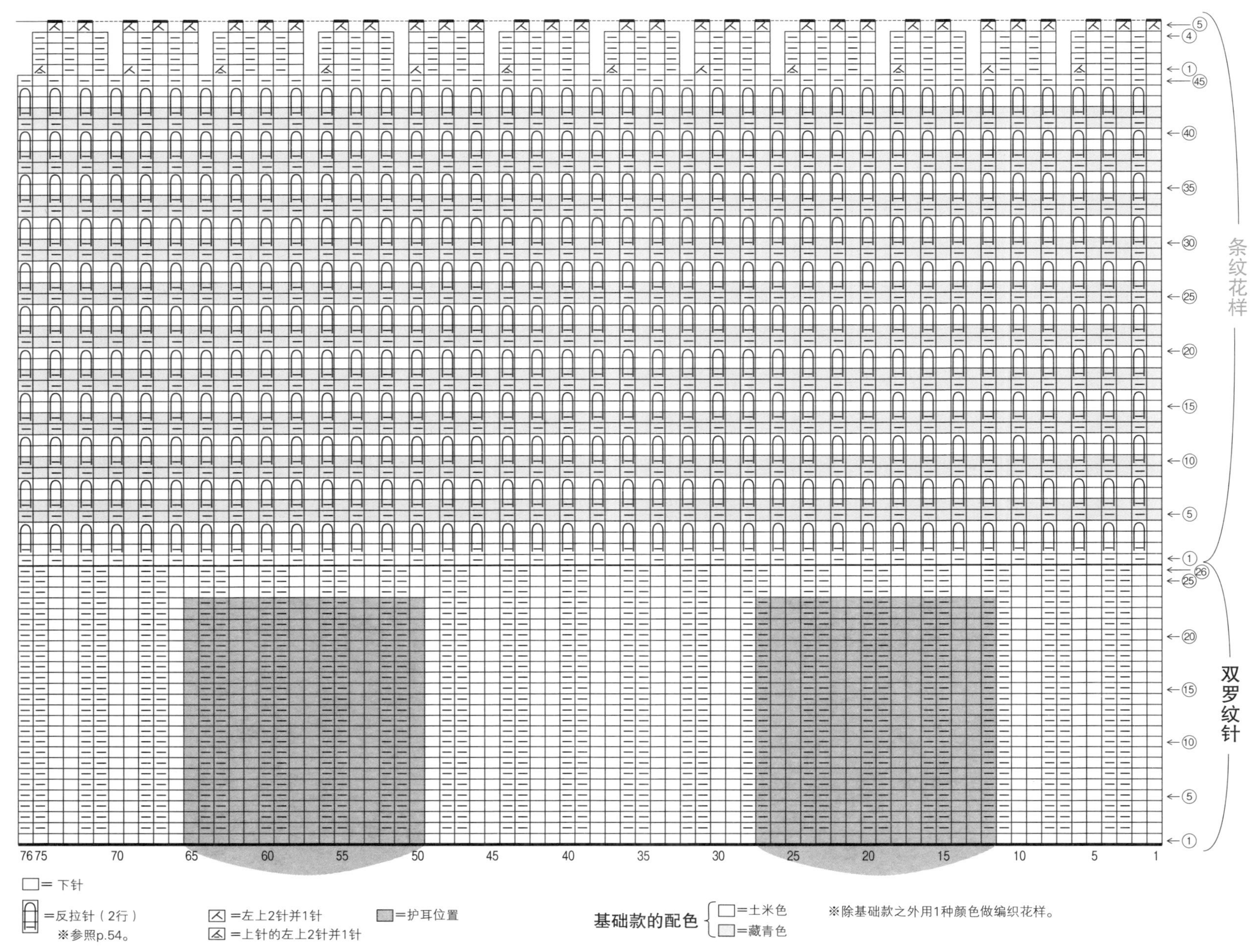
主体
条纹花样
双罗纹针
□=下针
=反拉针（2行）
※参照p.54。
=左上2针并1针
=上针的左上2针并1针
=护耳位置
基础款的配色
□=土米色
=藏青色
※除基础款之外用1种颜色做编织花样。

钻石花样的袜子

图片：**p.21**

准备

和麻纳卡 Sonomono Tweed 原白色(71)90g

棒针(5根短棒针)4号

成品尺寸

袜底长23cm，袜围21cm，袜筒长27.5cm

编织密度

10cm×10cm面积内：编织花样26针、36行，

配色花样26针、30行

编织要点

- 手指起针52针，环形编织56行双罗纹针。
- 编织花样第1行编织2针加针。在袜跟位置编入另线，将针目移至左棒针，另线上方继续做编织花样。
- 袜头按照配色花样的编织要领用同色线编织，剩余8针穿线2圈，收紧针目。
- 袜跟针目分成上下两侧，用2根棒针挑针，抽出另线。加线从两边的渡线开始逐针挑针54针，环形编织。最终行减针，剩余6针穿线2圈，收紧针目。
- 用相同的方法编织2只袜子。

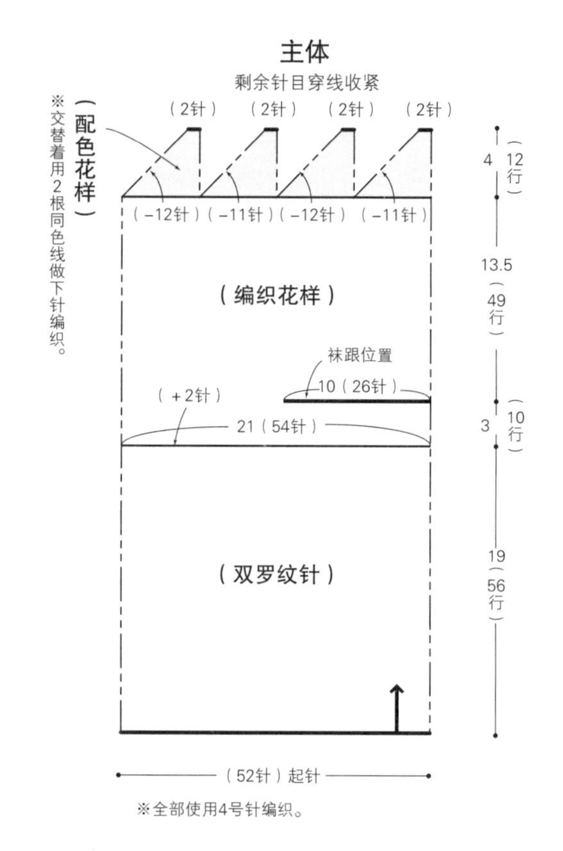

袜跟
(配色花样)

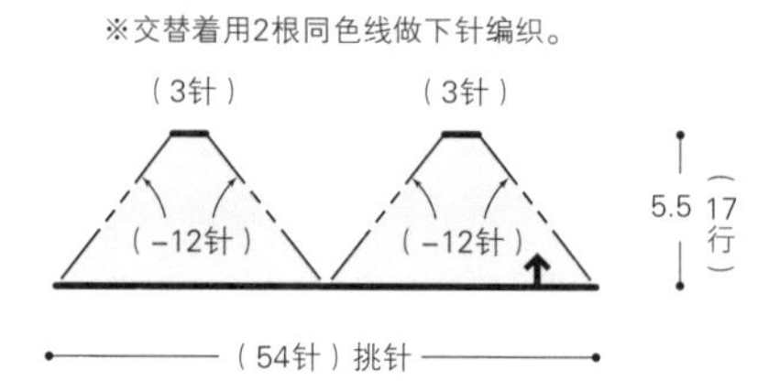

□、▢ = 下针

⊟ = 上针

⊡ = 扭针加针

= 右上1针交叉

= 左上1针交叉

= 右上2针并1针

= 左上2针并1针

= 右上3针并1针

袜跟
配色花样

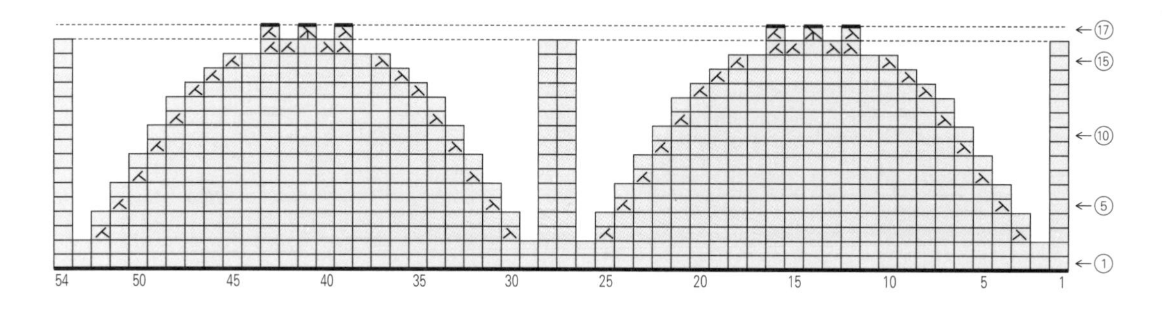

主体

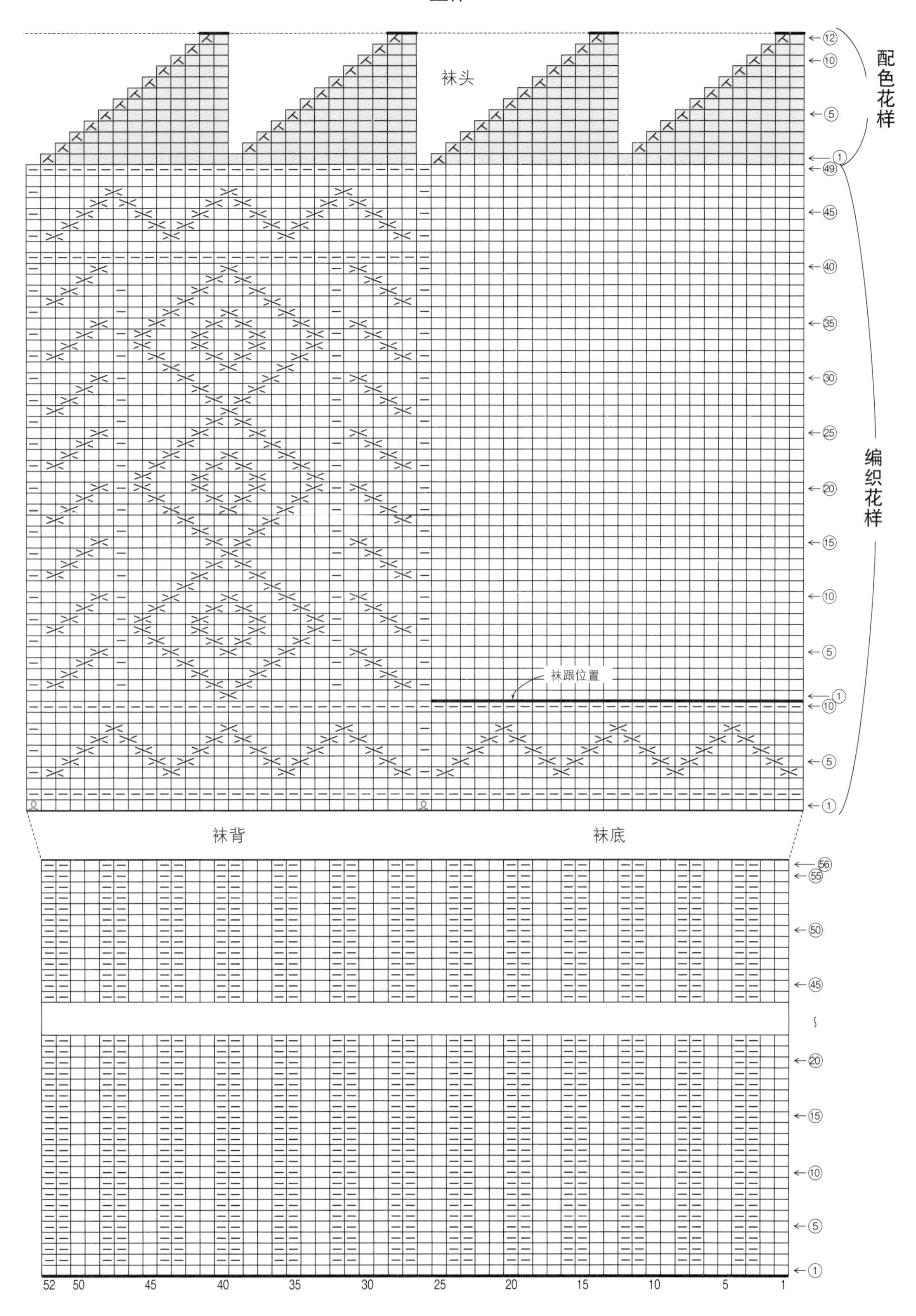

袜头
配色花样
编织花样
袜跟位置
袜背
袜底
12
10
5
1
49
45
40
35
30
25
20
15
10
5
1
10
5
1
56
55
50
45
20
15
10
5
1
52
50
45
40
35
30
25
20
15
10
5
1

拉脱维亚风连指手套

图片：p.22

准备

和麻纳卡 纯毛中细 原白色（2）30g、黑色（30）20g

棒针（5根短棒针）3号、2号

成品尺寸

掌围19.5cm，长25cm

编织密度

10cm×10cm面积内：配色花样33针、34行

编织要点

- 手指起针60针，用原白色线环形编织24行单罗纹针。
- 换针，第1行加针4针，横向渡线编织配色花样。
- 在拇指位置编入另线，然后将针目移至左棒针，另线上方继续编织配色花样（左手和右手拇指位置不同）。
- 主体指尖按照图示减针，剩余4针穿线2圈，收紧针目。
- 拇指针目分成上下两侧，用2根棒针挑针，抽出另线。加线从两边的渡线开始逐针挑针22针，用原白色线做下针编织，环形编织。指尖按照图示减针，剩余6针穿线2圈，收紧针目。

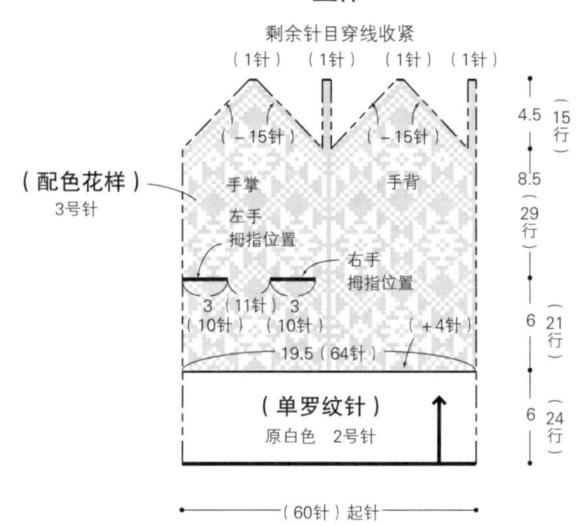

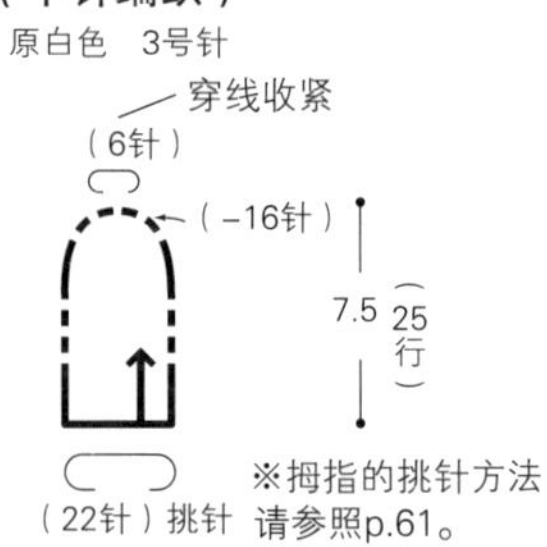

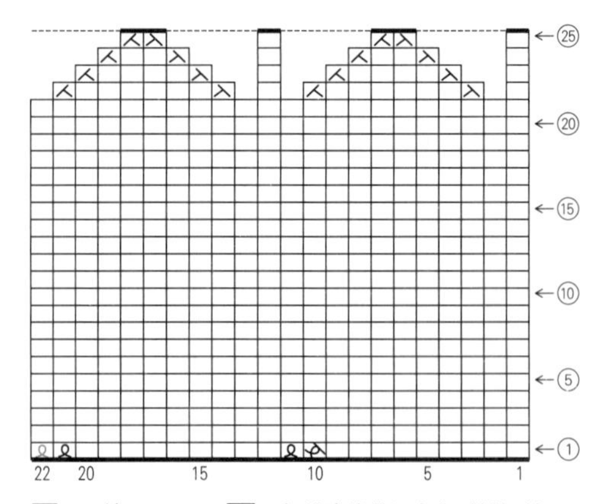

主体

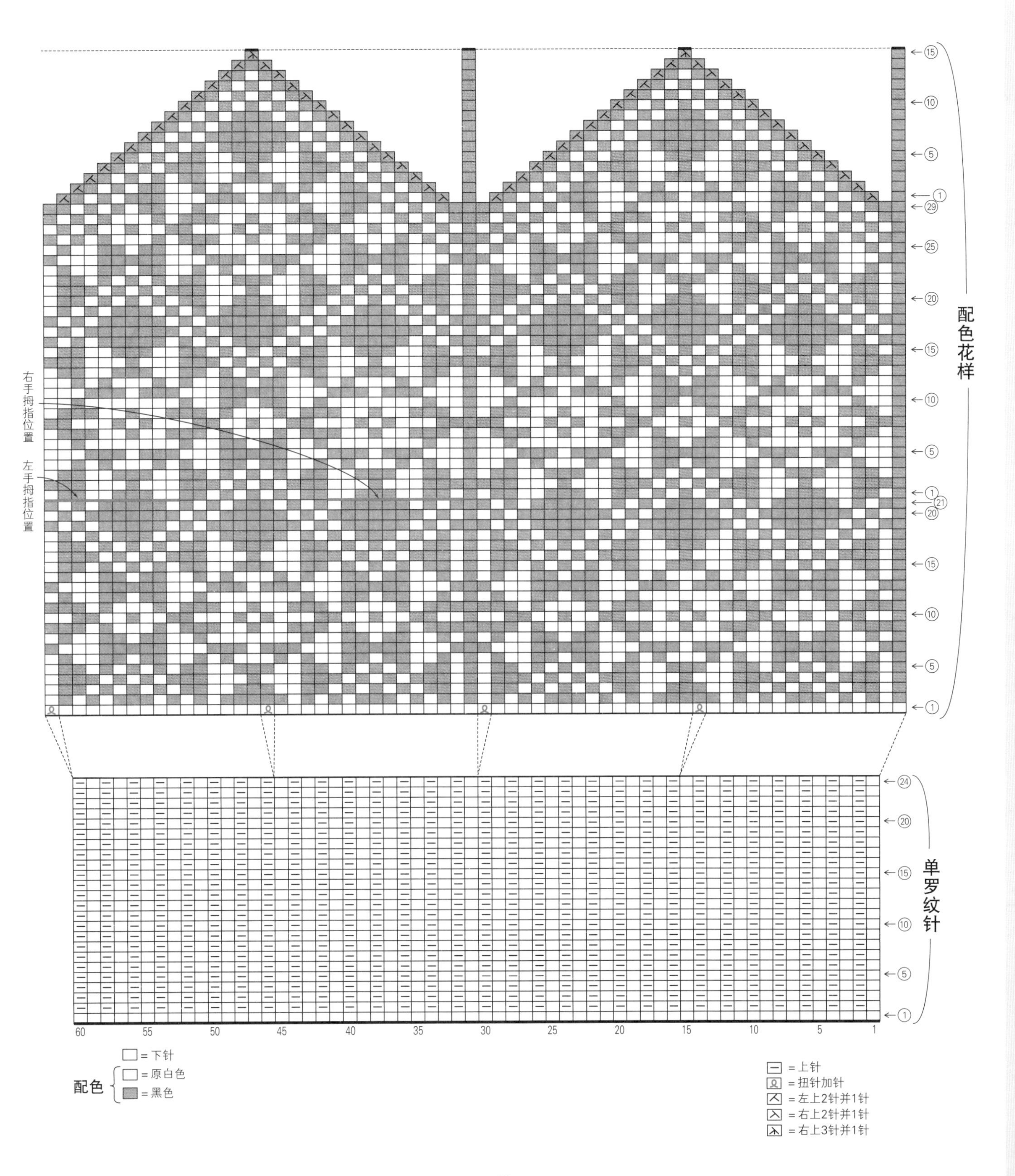

右手拇指位置
左手拇指位置
配色花样
单罗纹针
60
55
50
45
40
35
30
25
20
15
10
5
1
=下针
配色
=原白色
=黑色
=上针
=扭针加针
=左上2针并1针
=右上2针并1针
=右上3针并1针

树叶双层手套

图片：p.23

准备

和麻纳卡 Sonomono（粗）原白色（1）115g

棒针（5根短棒针）4号、3号

成品尺寸

掌围21cm，长27.5cm

编织密度

10cm×10cm面积内：编织花样B 24针、34行

编织要点

- 手指起针48针，从内层手套手腕部分的双罗纹针开始编织，环形编织。
- 然后做2行上针编织（折回部分），主体手腕部分编织28行编织花样A。
- 换针，第1行编织2针加针，做编织花样B。在拇指位置编入另线，然后将针目移至左棒针，另线上方继续做编织花样（左手和右手拇指位置不同）。
- 主体指尖按照图示减针，剩余10针穿线2圈，收紧针目。
- 拇指针目分成上下两侧，用2根棒针挑针，抽出另线。加线从两边的渡线开始逐针挑针20针，环形做下针编织。指尖按照图示减针，剩余4针穿线2圈，收紧针目。
- 叶子用手指起针3针，按照图示编织，剩余3针穿线并收紧。将下半部分缝在主体的叶子位置。
- 内层手套用手指起针48针，全部环形编织下针，和主体相同。拇指按照相同的方法挑针。
- 将主体和内层手套反面相对对齐，做卷针缝缝合。在2行上针编织处折叠，将内层手套塞在主体中。

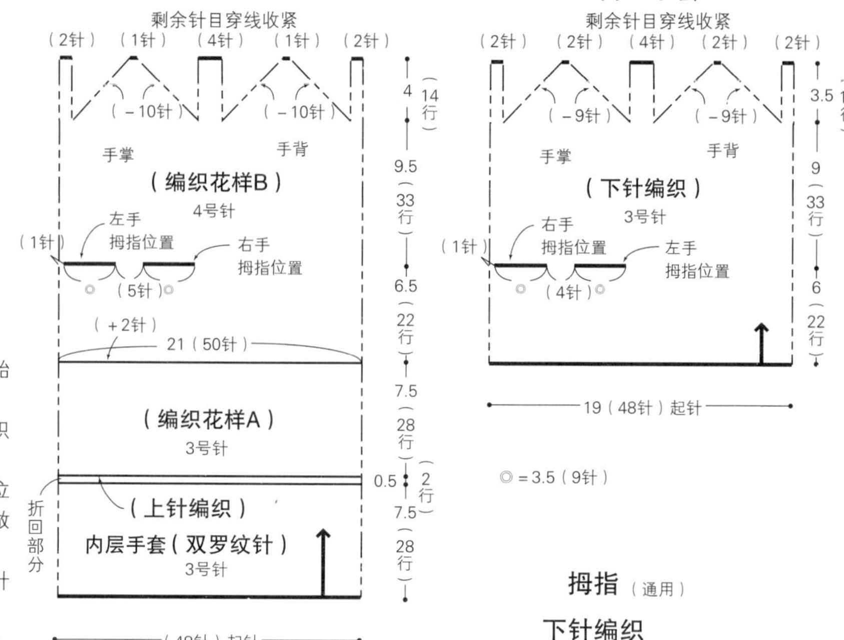

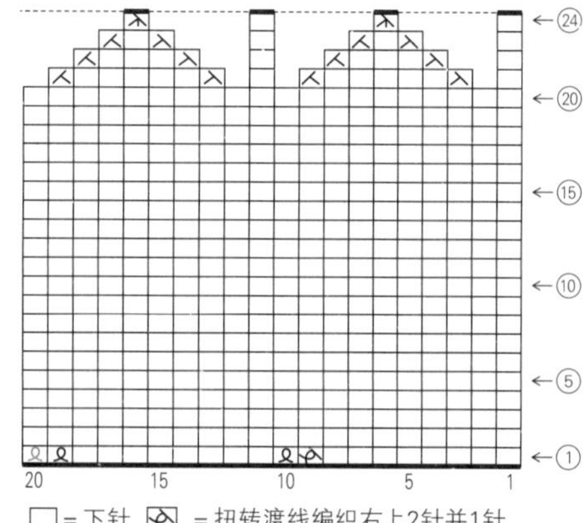

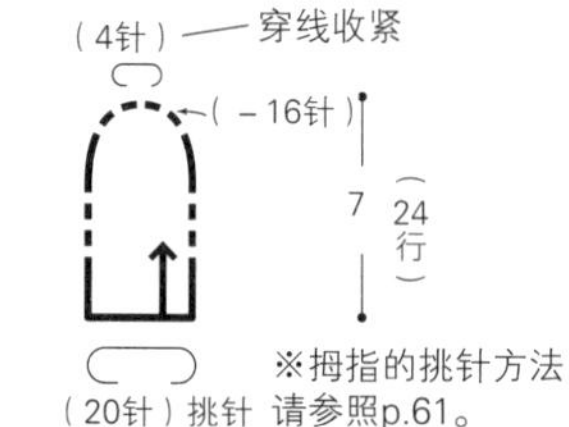

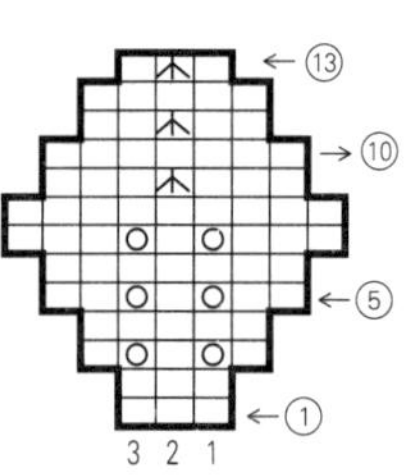

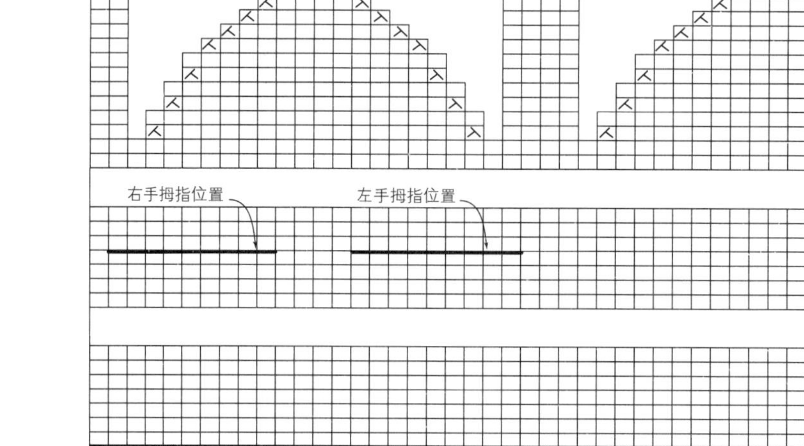

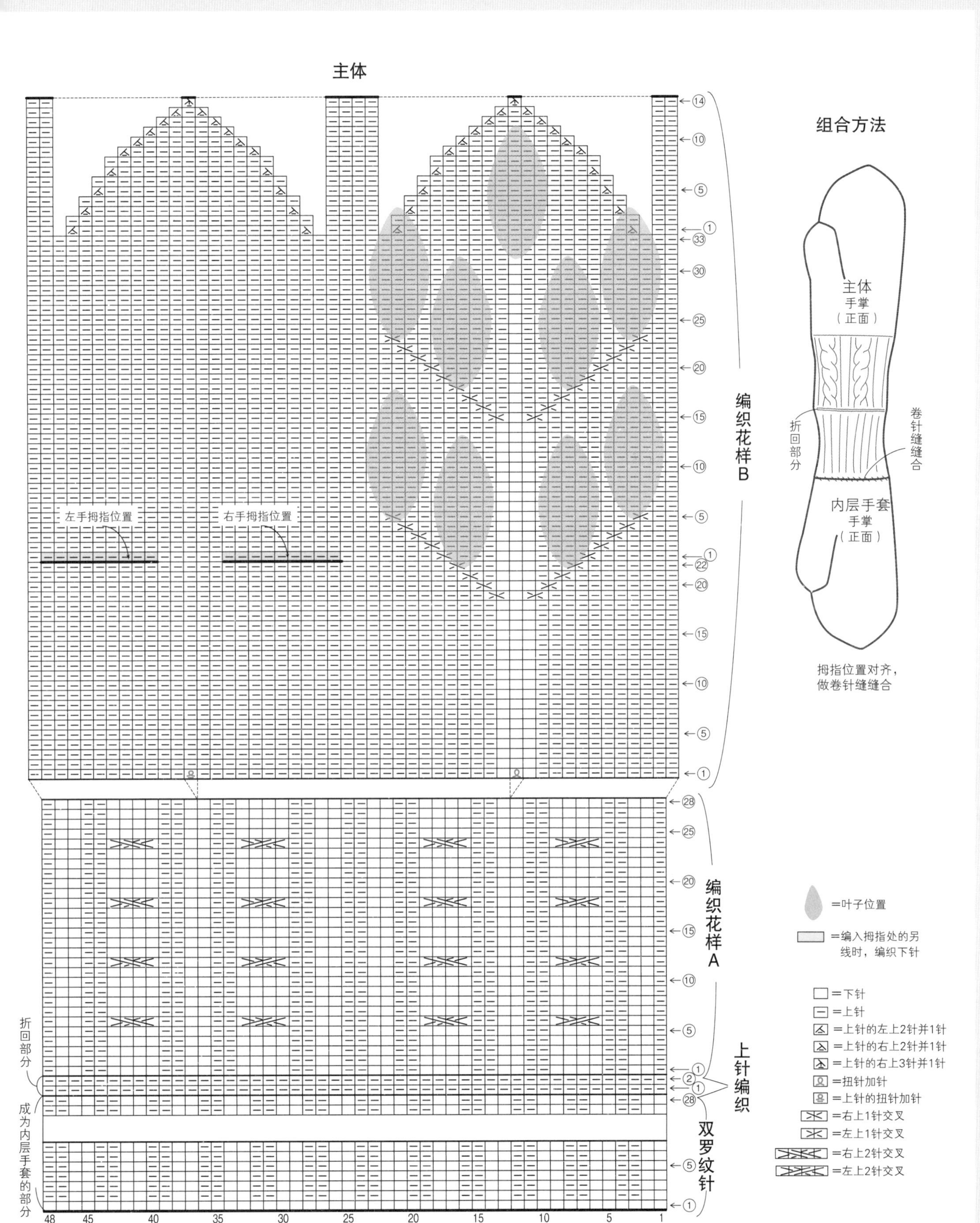

主体
组合方法
编织花样B
左手拇指位置
右手拇指位置
主体
手掌
（正面）
折回部分
卷针缝缝合
内层手套
手掌
（正面）
拇指位置对齐，
做卷针缝缝合
编织花样A
折回部分
上针编织
成为内层手套的部分
双罗纹针
=叶子位置
=编入拇指处的另线时，编织下针
=下针
=上针
=上针的左上2针并1针
=上针的右上2针并1针
=上针的右上3针并1针
=扭针加针
=上针的扭针加针
=右上1针交叉
=左上1针交叉
=右上2针交叉
=左上2针交叉
48 45 40 35 30 25 20 15 10 5 1

阿兰花样的帽子

图片：p.24 编织要点：p.54

准备

和麻纳卡 Sonomono Alpaca Wool（中粗）灰色（65）68g

棒针（4根）6号、4号

成品尺寸

帽围62.5cm，帽深20cm

编织密度

10cm×10cm面积内：编织花样26.5针、31行

编织要点

- 手指起针120针，环形编织10行扭针的双罗纹针。
- 换针，在第1行加针，编织28行编织花样，然后一边分散减针一边编织27行。
- 剩余5针做4行下针编织（编织方法请参照p.54），在针目上穿线并收紧。

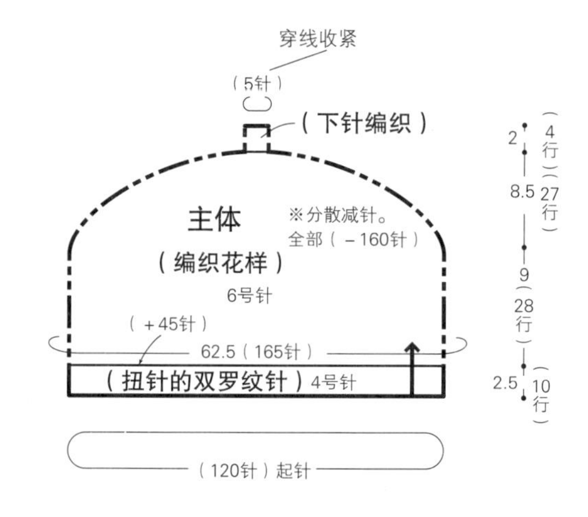

主体

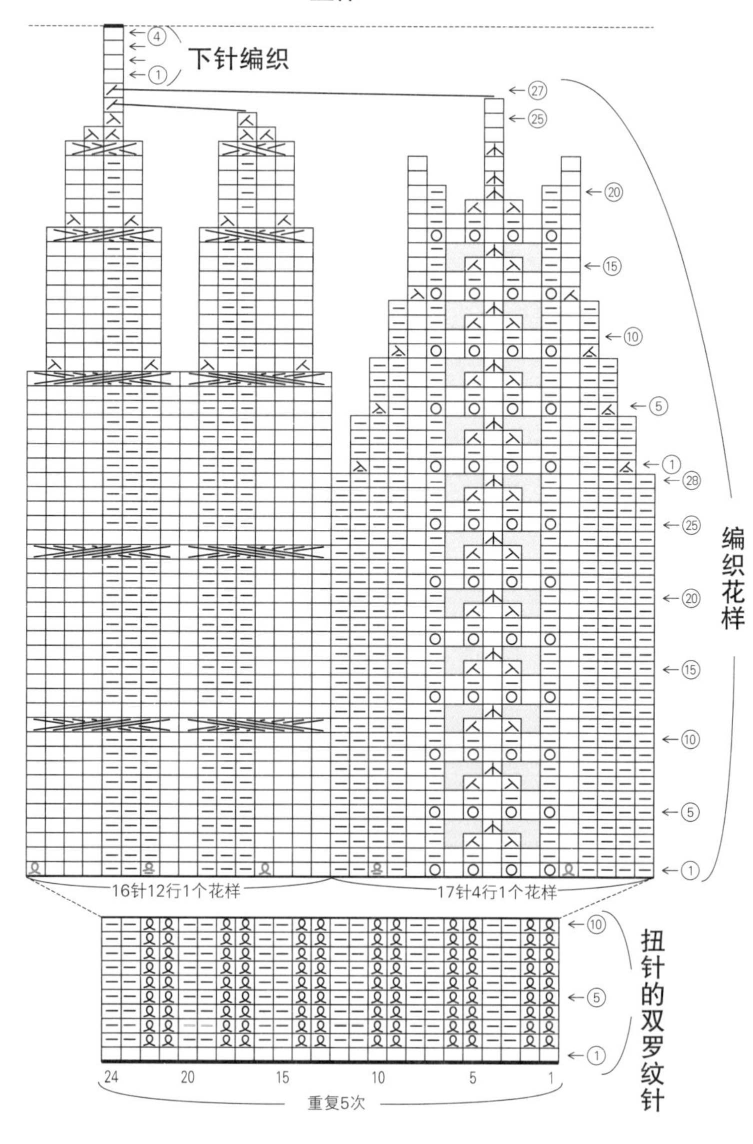

□ = 下针

= 扭针

= 上针

= 扭针加针

= 上针的扭针加针

= 挂针

= 右上2针并1针

= 左上2针并1针

= 上针的左上2针并1针

= 上针的右上2针并1针

= 中上3针并1针

= 无针目处

= 右上2针交叉

= 左上2针交叉

= 右上3针交叉

= 左上3针交叉

= 右上4针交叉

= 左上4针交叉

黄色围脖

图片：p.25

准备

粗毛线 芥末黄色250g

（推荐毛线→和麻纳卡 Amerry）

棒针（2根）7号

成品尺寸

宽23cm，长130cm

编织密度

10cm×10cm面积内：编织花样35针、27行

编织要点

●另线锁针起针80针，编织352行编织花样。编织终点的针目休针。

●编织起点和编织终点的针目做下针的无缝缝合，缝成环形。

编织花样

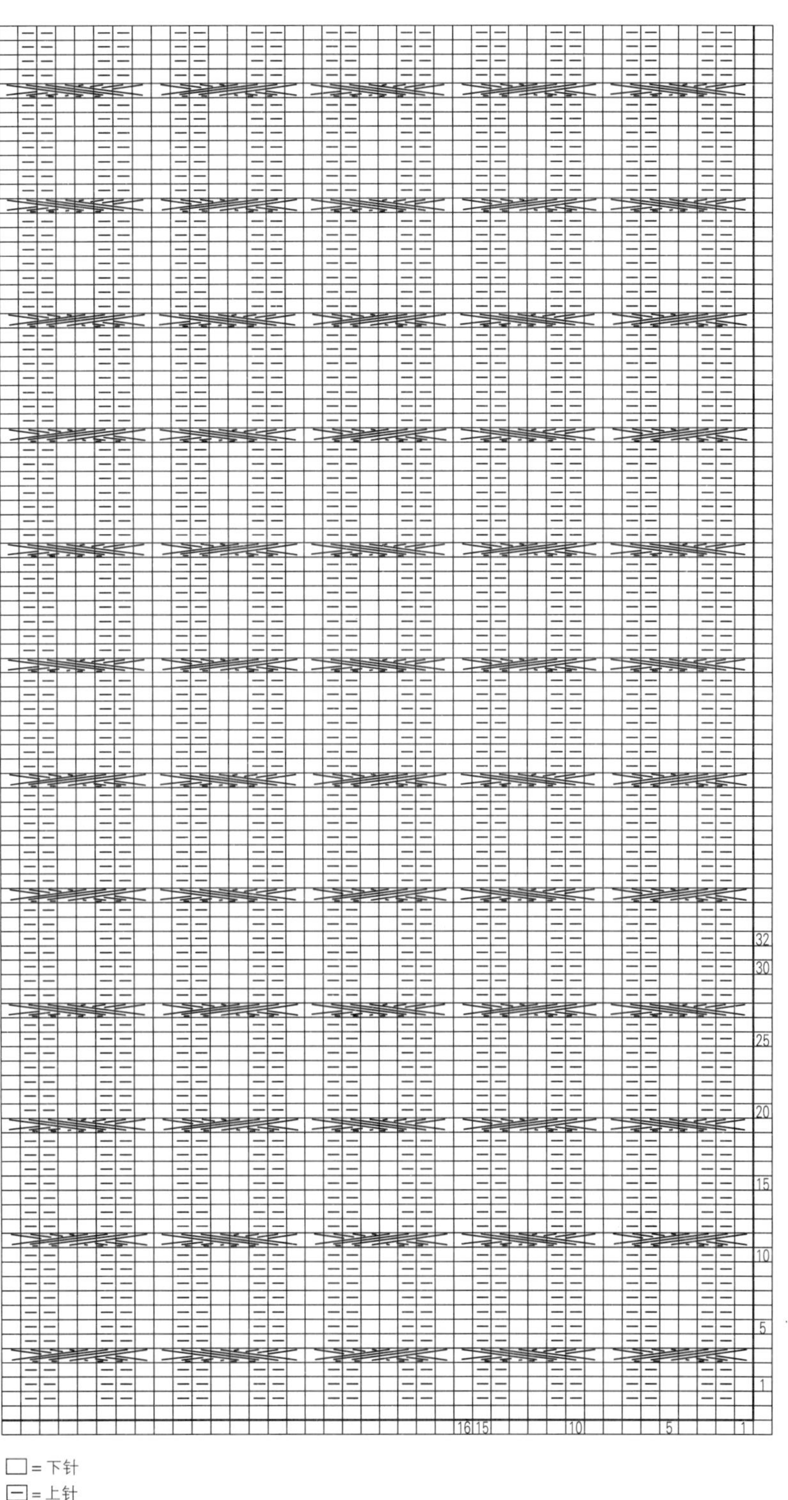

□＝下针

⊟＝上针

＝右上4针交叉

＝左上4针交叉

※p.25的图片中将编织方法图中的反面当作正面使用。

尖顶帽子

图片：p.26、p.27

准备

条纹…和麻纳卡 Exceed Wool L（中粗）灰色（328）70g、蓝色（324）45g

浅米色…和麻纳卡 Exceed Wool L（中粗）浅米色（302）115g

紫色…和麻纳卡 Exceed Wool L（中粗）紫色（314）115g

通用…棒针（4根）5号、4号

成品尺寸

帽围52.5cm，帽深23cm

编织密度

10cm×10cm面积内：编织花样25.5针、29行

编织要点

- 手指起针132针，环形编织36行双罗纹针。
- 换针，在第1行最后加针1针（上针的扭针加针），编织36行编织花样，然后一边分散减针一边编织16行。
- 剩余28针每隔1针穿线，第2圈在没有穿线的针目上穿线，收紧针目。

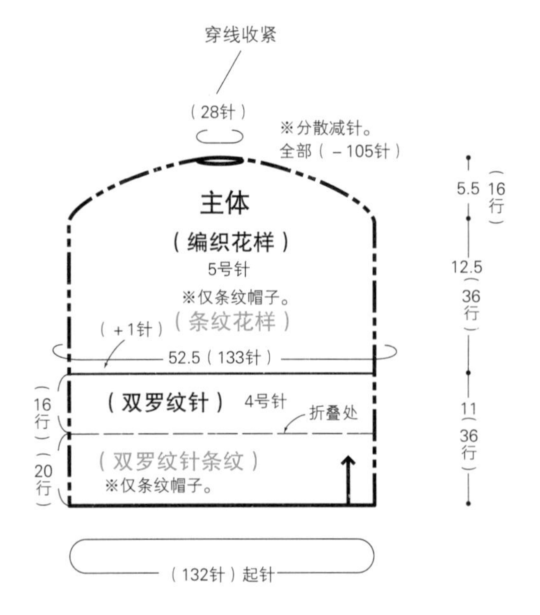

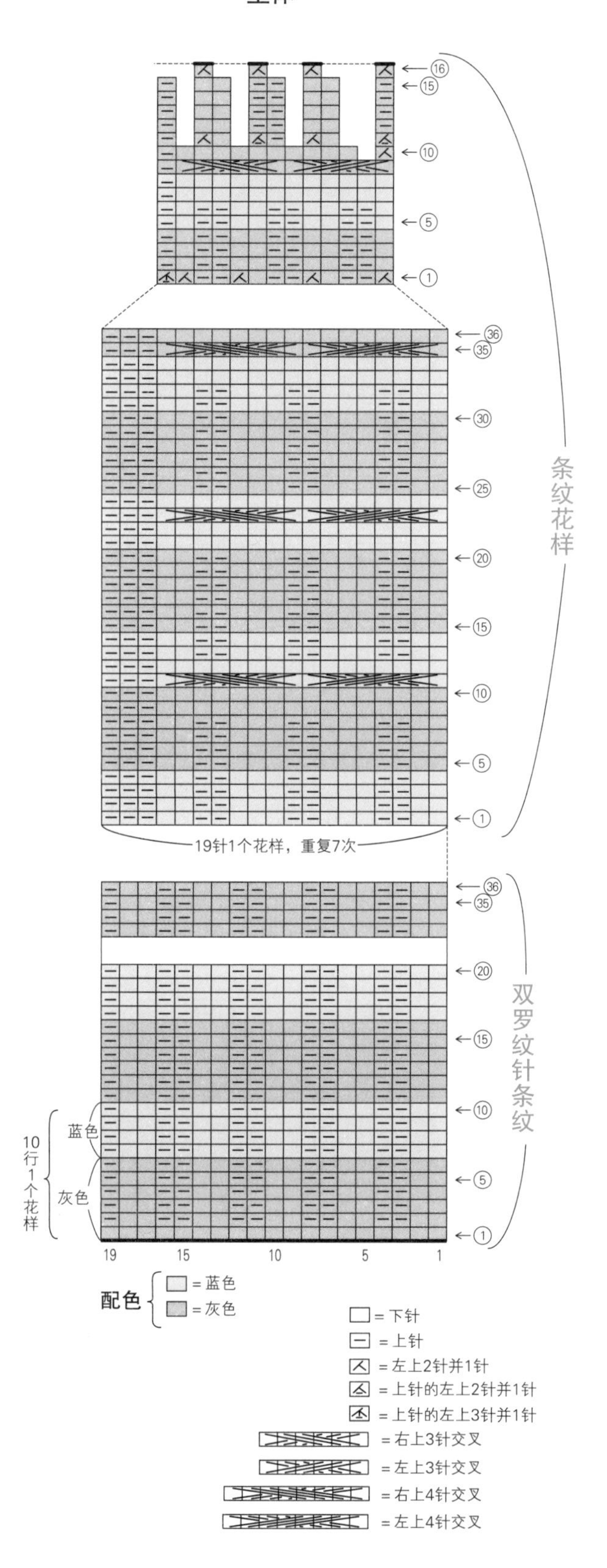

儿童波点帽子

图片：P.29 编织要点：P.54

准备

和麻纳卡 Sonomono Alpaca Wool 原白色（4）40g，
Sonomono Loop 灰米色（52）22g
棒针（4根）10号、8号

成品尺寸

帽围48cm，帽深20.5cm

编织密度

10cm×10cm面积内：条纹花样15针、29.5行

编织要点

- 手指起针72针，环形编织8行扭针的双罗纹针。
- 换针，编织40行条纹花样，然后一边分散减针一边编织11行。
- 剩余3针做2行下针编织（编织方法请参照p.54），在针目上穿线并收紧。

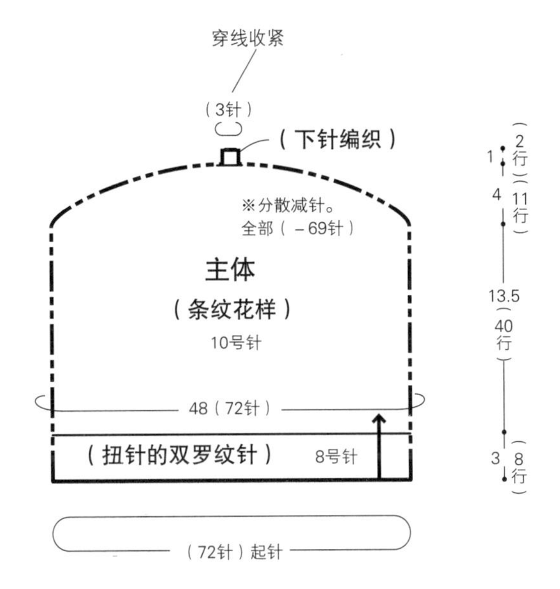

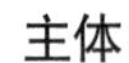

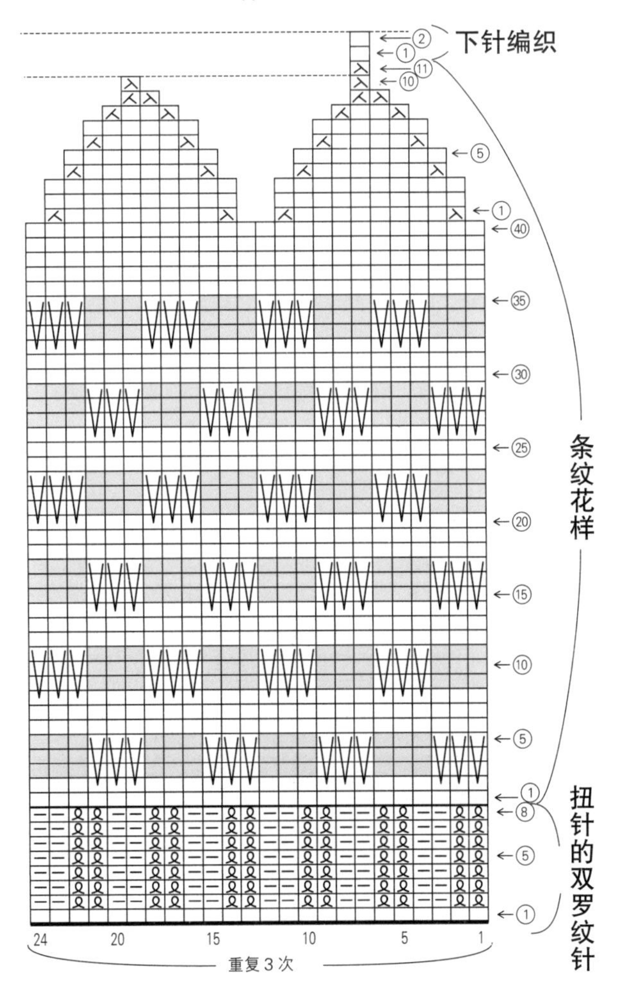

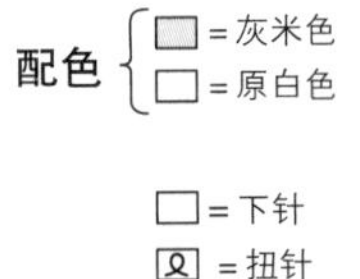

＝下针
＝扭针
＝上针
＝滑针
＝右上2针并1针
＝左上2针并1针

老鼠和刺猬手套

图片：**p.28** 编织要点：**p.55**

准备

老鼠手套…和麻纳卡 Sonomono Alpaca（中粗）淡灰色(64)38g

刺猬手套…和麻纳卡Sonomono Alpaca（中粗）灰色(65)60g，毛条用线、缝合线（灰色）少量

通用…面部刺绣用中粗毛线（深棕色）少量

棒针（5根短棒针）5号、4号，钩针5/0号

成品尺寸

掌围15cm，长18.5cm

编织密度

10cm×10cm面积内：编织花样24针、34行，

下针编织24针、31行

编织要点

- 手指起针32针，环形编织24行双罗纹针。
- 换针，第1行编织4针加针，做编织花样。在拇指位置编入另线，然后将针目移至左棒针，另线上方继续做编织花样（左手和右手拇指位置不同）。
- 主体指尖按照图示减针，剩余8针穿线2圈，收紧针目。
- 拇指针目分成上下两侧，用2根棒针挑针，抽出另线。加线从两边的渡线开始逐针挑针14针，环形做下针编织。指尖按照图示减针，剩余7针穿线2圈，收紧针目。
- 编织刺猬时，参照p.55制作毛条，缝上。

拇指（下针编织）

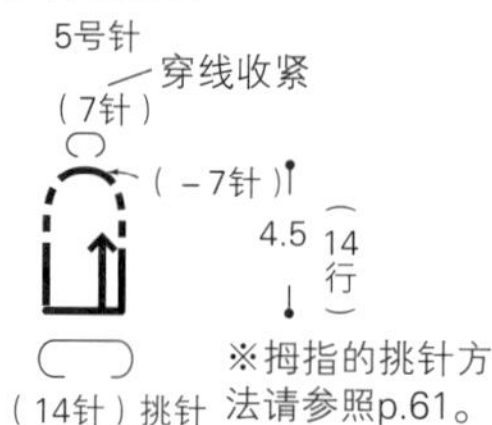

拇指 下针编织

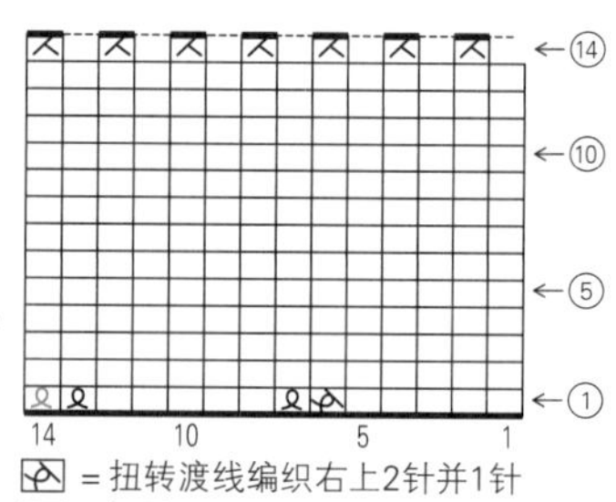

= 扭转渡线编织右上2针并1针

= 扭针

面部的刺绣

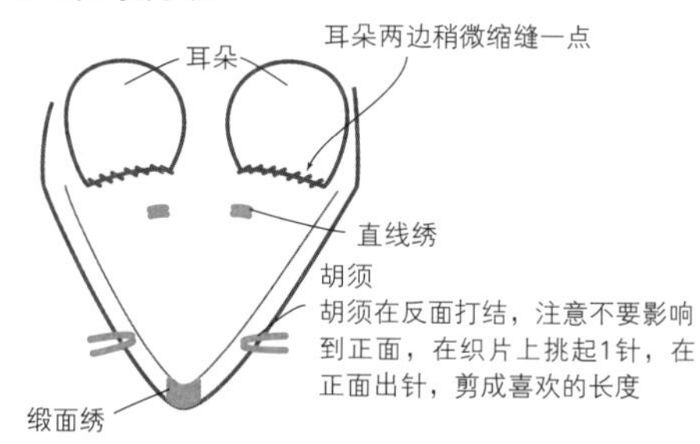

※使用1根深棕色中粗毛线。

耳朵

5/0号针 2片

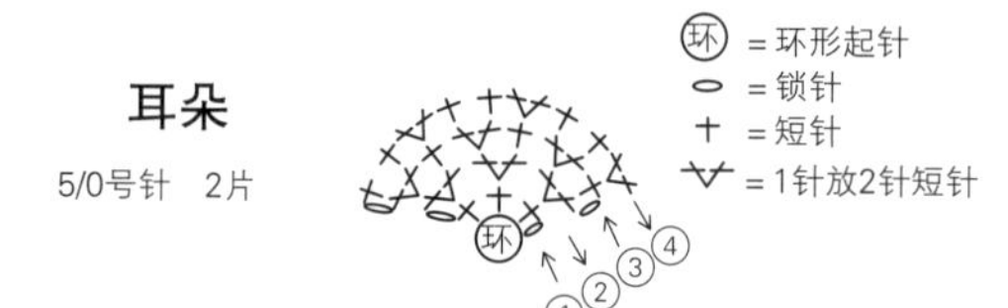

环形起针

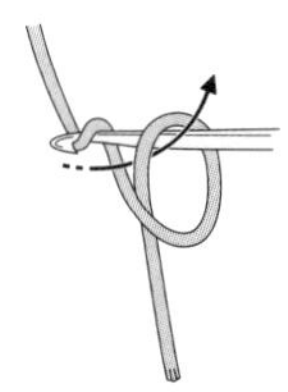

❶按照锁针起针的要领（参照下图）做一个线圈，将钩针插入线圈，挂线并拉出。

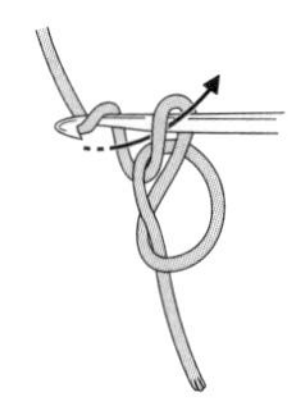

❷不要拉紧线圈，立织1针锁针。

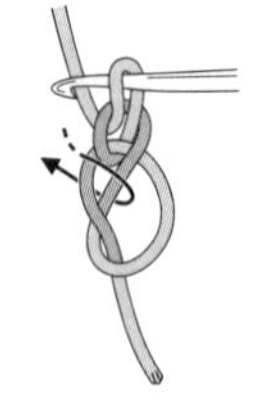

❸继续将钩针插入线圈，挑起2根线，钩织第1针（这里是短针）。

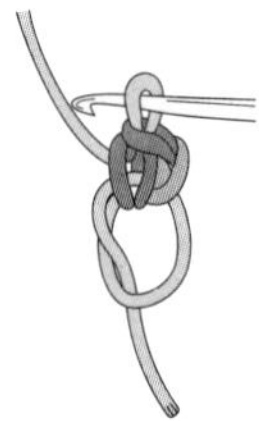

❹完成第1针。继续按照相同的方法将钩针插入线圈钩织第1行，最后拉紧线头使线圈收紧。

锁针

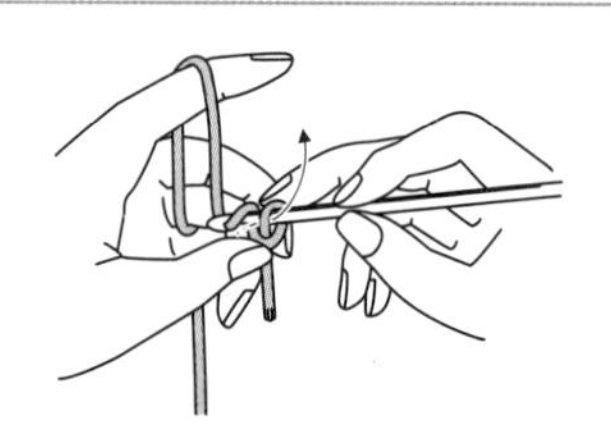

❶在线头处做一个线圈，左手捏住交点，如箭头所示转动钩针，挂线并拉出（这一针不计入针数）。

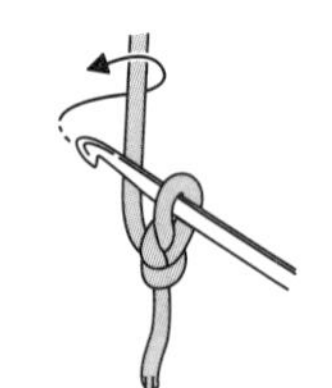

❷继续如箭头所示转动钩针，挂线。

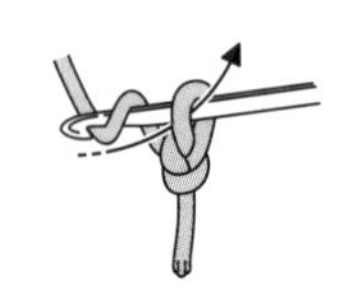

❸从线圈中拉出。

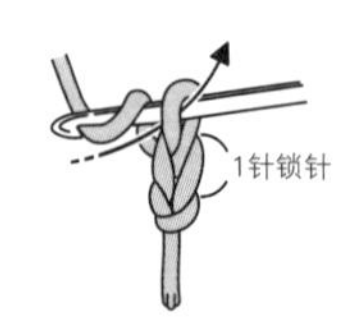

❹完成1针锁针。重复步骤❷、❸，不断钩织。

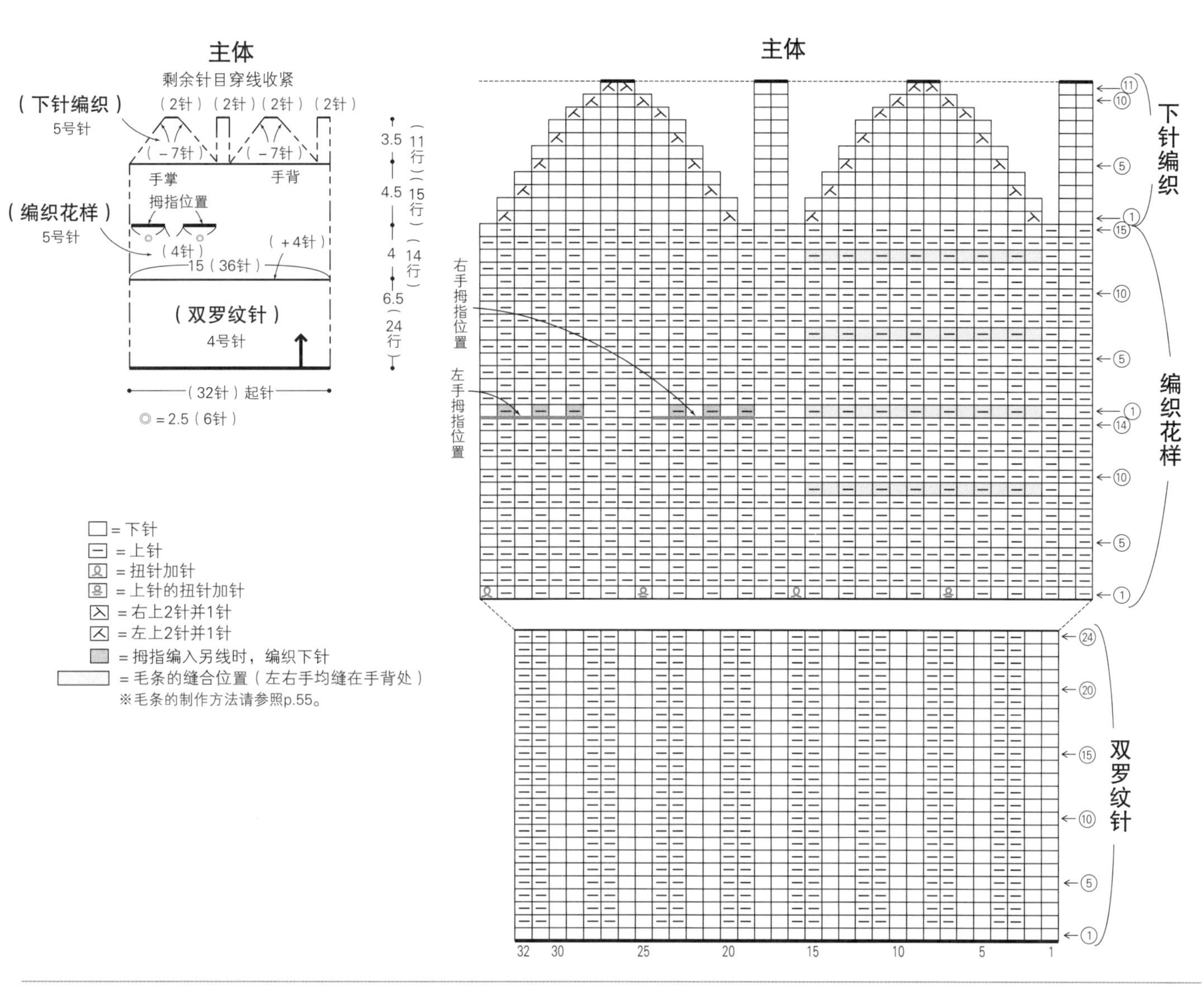

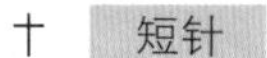

十 短针

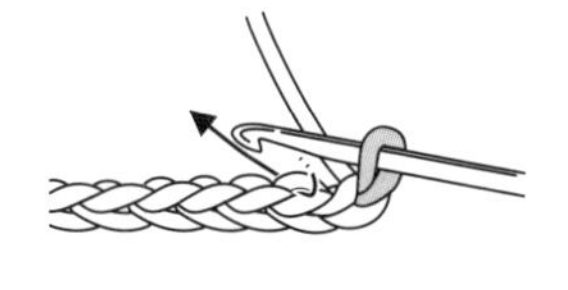

❶如箭头所示插入钩针。

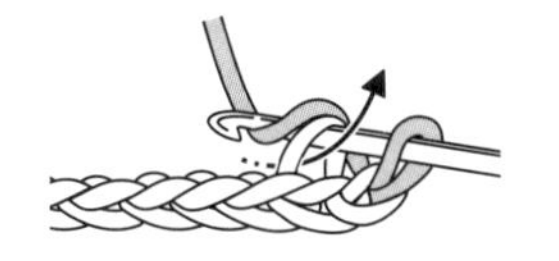

❷挂线并拉出。

❸再次挂线，从钩针上的2个线圈中引拔出。

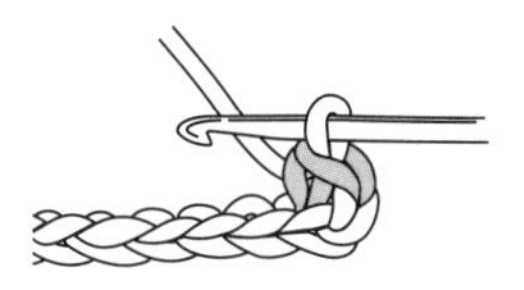

❹短针钩织好了。

1针放2针短针

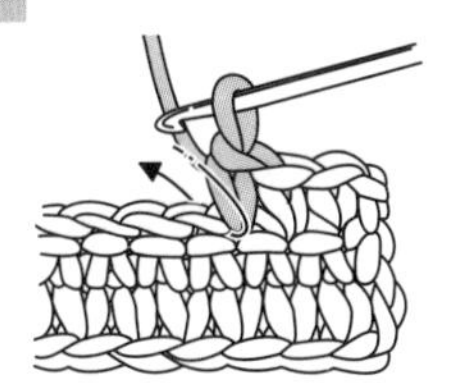

❶挑取前一行针目的头部2根线，钩织1针短针，然后将钩针插入同一个针目。

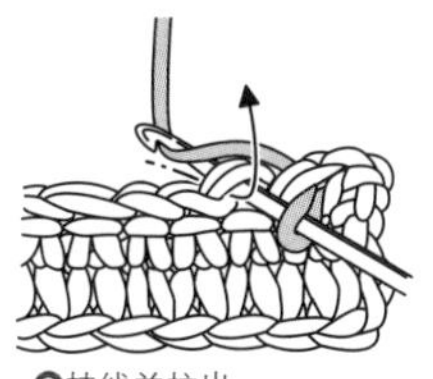

❷挂线并拉出。

❸再次挂线，从钩针上的2个线圈中引拔出（钩织短针）。

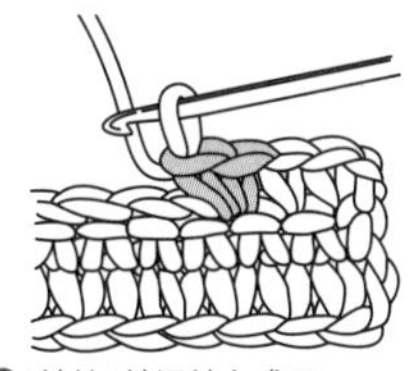

❹1针放2针短针完成了。

北欧风情连指手套

图片：p.30

准备

芭贝 Shetland 白色(8)40g、黑色(32)30g

棒针(5根短棒针)4号、3号

成品尺寸

掌围19cm，长24cm

编织密度

10cm×10cm面积内：配色花样25.5针、30行

编织要点

●手指起针48针，环形编织12行双罗纹针条纹。

●换针，用横向渡线的方法编织配色花样A。在拇指位置编入另线，然后将针目移至左棒针，另线上方继续编织配色花样（左手和右手拇指位置不同）。

●主体指尖按照图示减针，剩余4针穿线2圈，收紧针目。

●拇指针目分成上下两侧，用2根棒针挑针，抽出另线。加线从两边的渡线开始逐针挑针20针，环形编织配色花样B。指尖按照图示减针，剩余4针穿线2圈，收紧针目。

主体

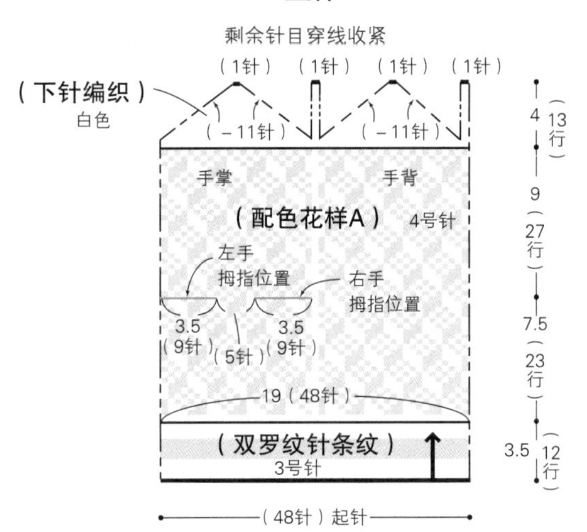

拇指

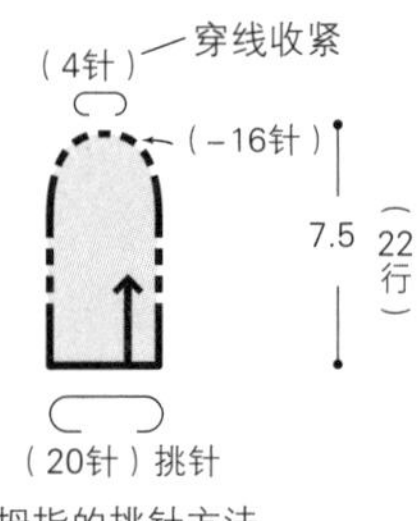

※拇指的挑针方法请参照p.61。

配色花样B（拇指）

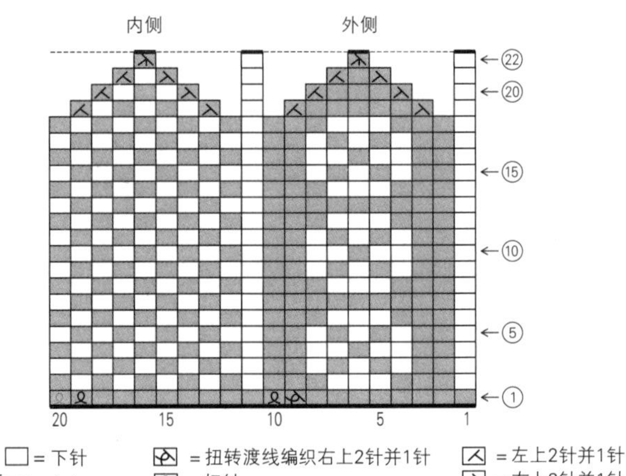

主体

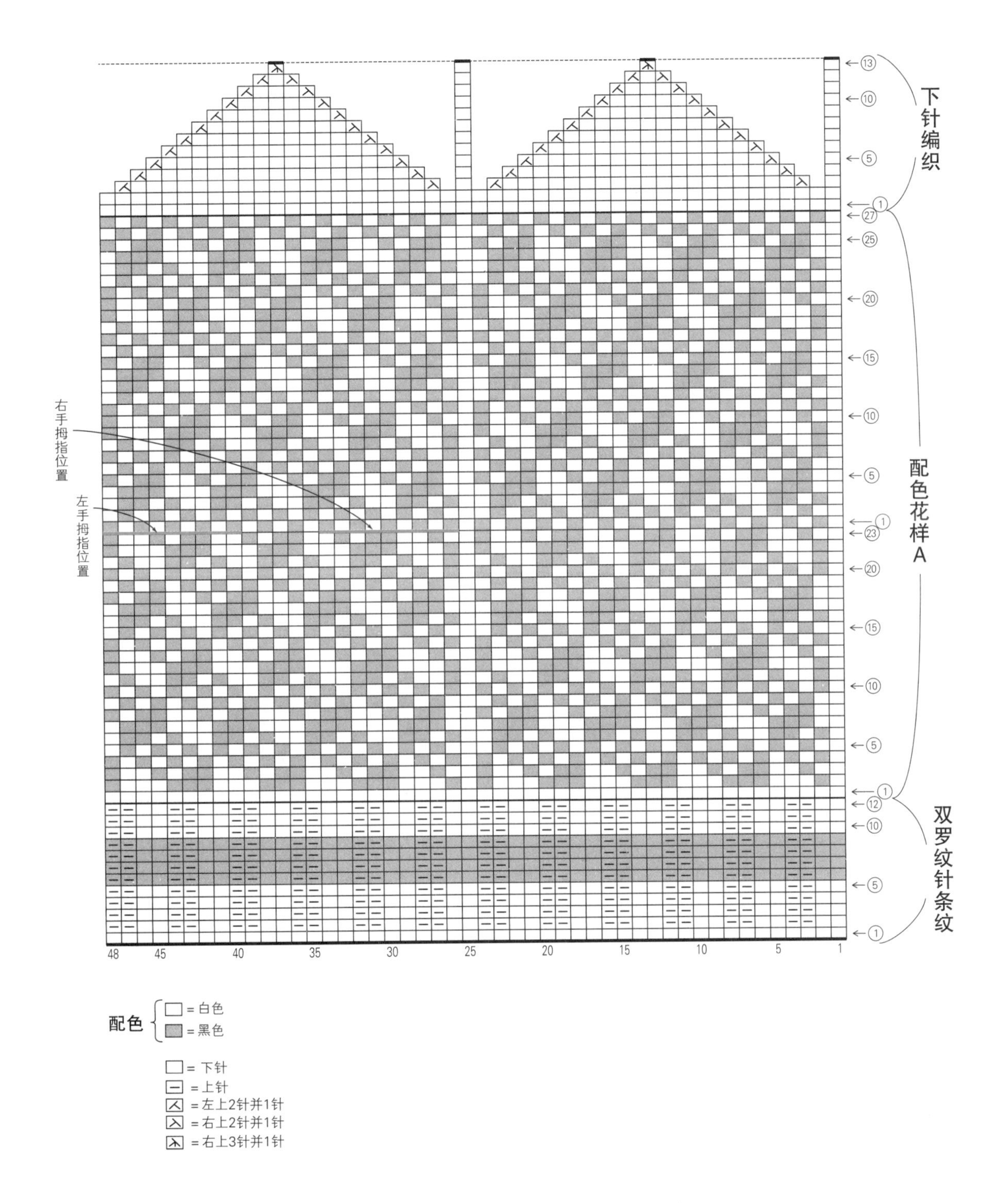

下针编织
配色花样A
双罗纹针条纹
右手拇指位置
左手拇指位置
13
10
5
1
27
25
20
15
10
5
1
23
20
15
10
5
1
12
10
5
1
48
45
40
35
30
25
20
15
10
5
1
配色
= 白色
= 黑色
= 下针
= 上针
= 左上2针并1针
= 右上2针并1针
= 右上3针并1针

配色花样的帽子

图片：p.31

准备

和麻纳卡 Aran Tweed 黑色（12）70g、原白色（1）21g

棒针（4根）8号、6号

成品尺寸

帽围54cm，帽深22cm

编织密度

10cm×10cm面积内：配色花样20针、23.5行

编织要点

- 手指起针96针，环形编织35行双罗纹针。
- 换针，第1行加针12针，横向渡线编织配色花样，帽顶分散减针，编织38行。
- 剩余36针每隔1针穿线，第2圈在没有穿线的针目上穿线，收紧针目。
- 用黑色线制作绒球，缝在帽顶上。

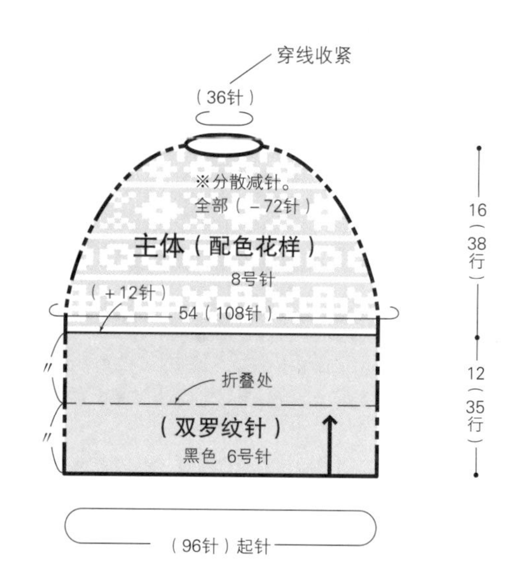

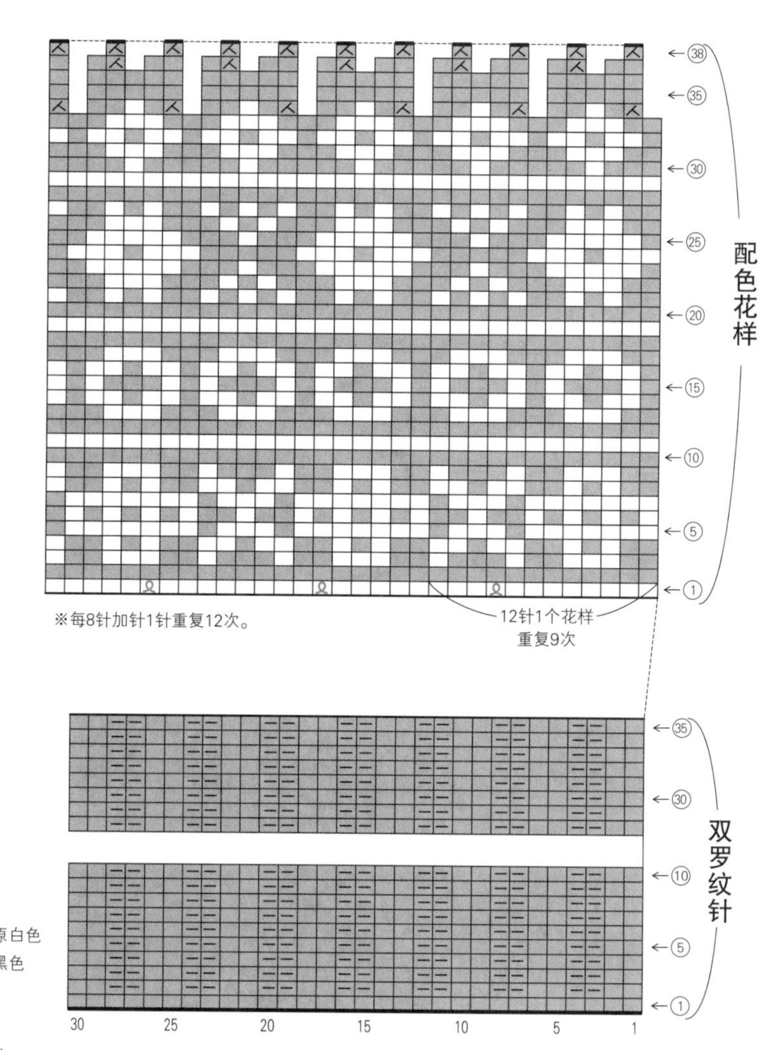

完成

绒球 黑色

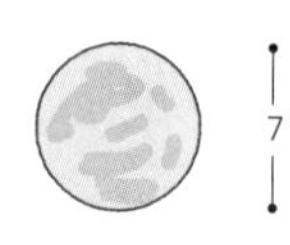

绒球的制作方法

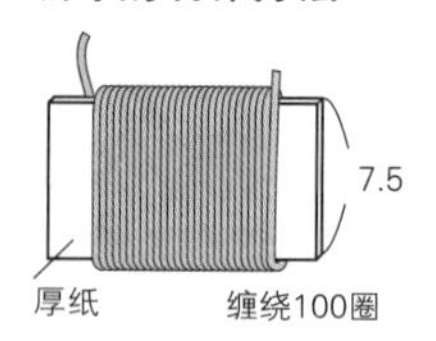

中间系紧，
两端剪开，
修整形状

配色 □＝原白色 ■＝黑色

□＝下针

⊟＝上针

Ⓞ＝扭针加针

⋌＝左上2针并1针

水滴花样的帽子

图片：p.34 编织要点：p.50

准备

和麻纳卡 Sonomono Alpaca Wool（中粗）原白色（61）100g

棒针（4根）8号、6号

成品尺寸

帽围54cm，帽深20.5cm

编织密度

10cm×10cm面积内：配色花样26.5针、27行

编织要点

- 手指起针126针，环形编织38行单罗纹针。
- 换针，第1行加针18针，编织35行编织花样，帽顶一边分散减针，一边做4行上针编织。
- 剩余18针每隔1针穿线，第2圈在没有穿线的针目上穿线，收紧针目。
- 制作绒球，缝在帽顶上。

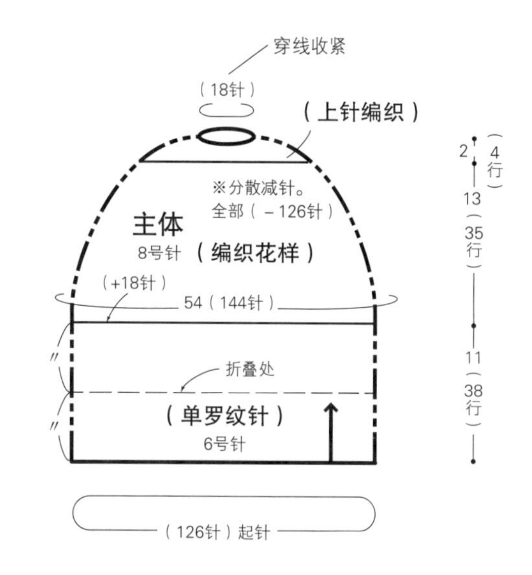

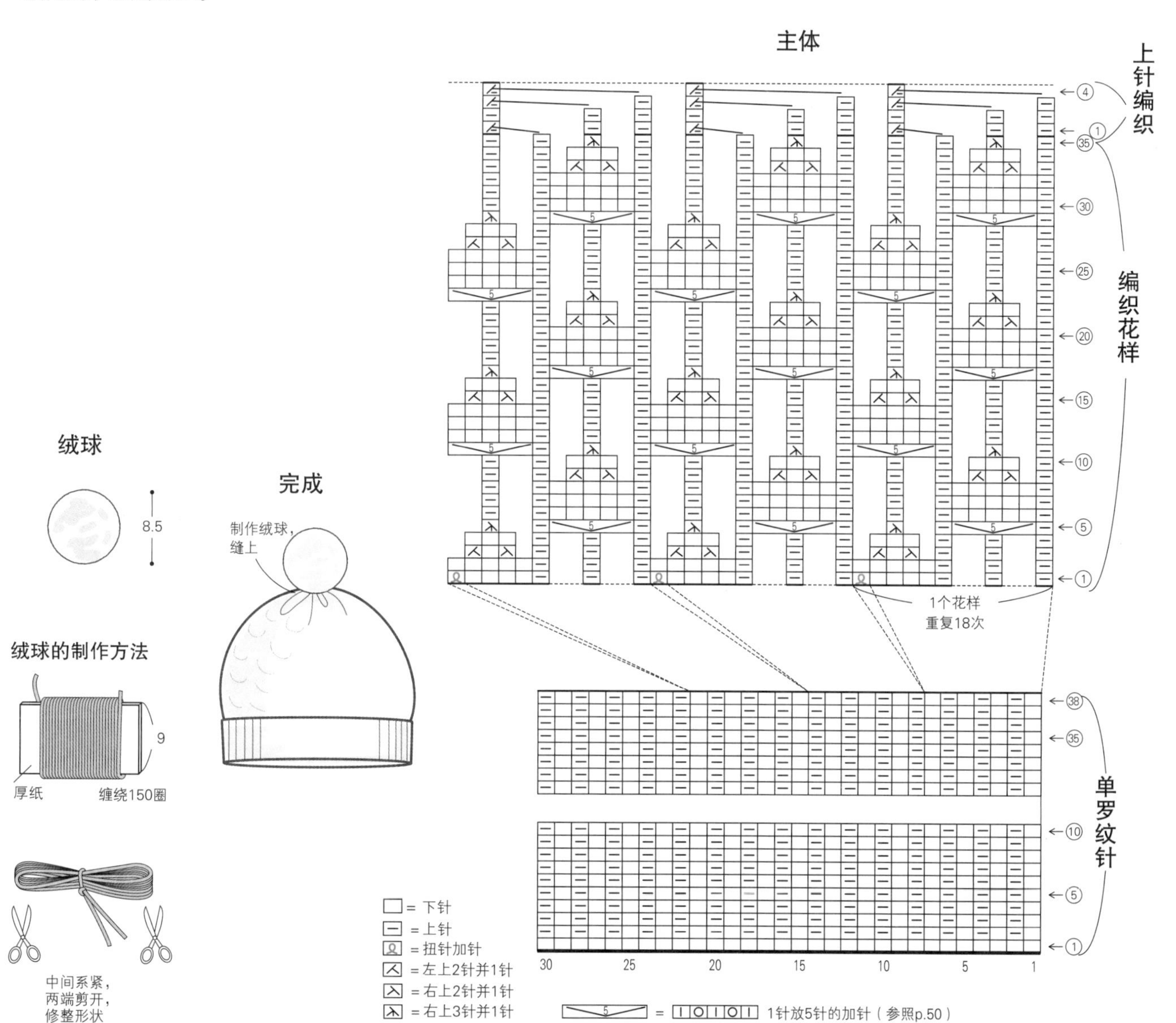

□＝下针
－＝上针
＝扭针加针
＝左上2针并1针
＝右上2针并1针
＝右上3针并1针
＝上针的左上2针并1针
＝1针放5针的加针（参照p.50）

黄色尖顶帽子

图片：p.35 编织要点：p.51

准备

芭贝 Shetland 黄色（54）95g

棒针（4根）6号、4号

成品尺寸

帽围50cm，帽深21.5cm

编织密度

10cm×10cm面积内：编织花样B 27针、32行

编织要点

- 手指起针126针，环形编织4行单罗纹针。
- 换针，第1行加针9针，编织20行编织花样A，翻转织片（参照p.51），编织68行编织花样B。
- 剩余24针每隔1针穿线，第2圈在没有穿线的针目上穿线，收紧针目。

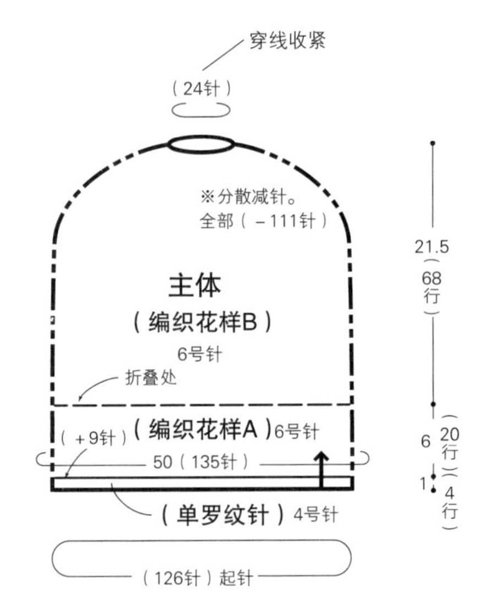

完成

□ = 下针
⊟ = 上针
= 扭针加针
= 左上1针交叉
= 右上1针交叉
= 扭针
= 左上2针和4针交叉
= 右上2针和4针交叉
= 右上2针和1针交叉（下侧是上针）
= 左上2针和1针交叉（下侧是上针）
= 右上3针和2针交叉
= 左上3针和2针交叉
= 右上2针并1针
= 左上2针并1针
= 上针的右上2针并1针
= 上针的左上2针并1针
= 右上3针并1针
= 右上2针交叉
= 左上2针交叉
= 右上2针和1针交叉
= 左上2针和1针交叉

主体

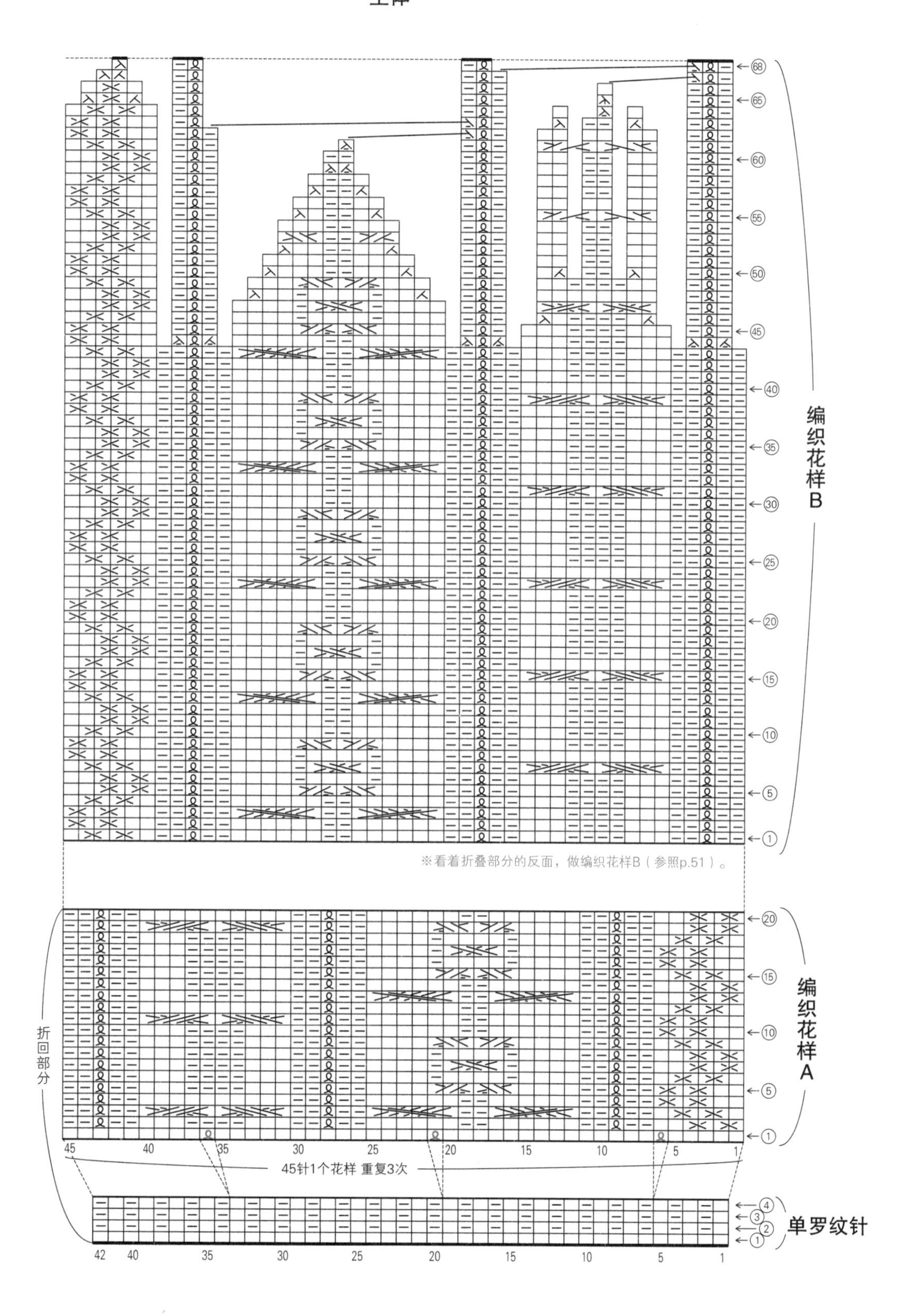

68
65
60
55
50
45
40
35
30
25
20
15
10
5
1
编织花样B
※看着折叠部分的反面，做编织花样B（参照p.51）。
20
15
10
5
1
编织花样A
折回部分
45
40
35
30
25
20
15
10
5
1
45针1个花样 重复3次
4
3
2
1
单罗纹针
42
40
35
30
25
20
15
10
5
1

花格袜子

图片：p.36 编织要点：p.52

准备

A（p.36下的配色）…Richmore Percent 米色（105）56g、灰色（122）40g

B（p.36上的配色）…Richmore Percent 摩卡棕色（125）53g、深棕色（89）18g、绿色（107）15g、黄色（6）9g、原白色（123）7g

通用…棒针（5根短棒针）5号、4号

成品尺寸

袜底长22cm，袜围23cm，袜筒长23cm

编织密度

10cm×10cm面积内：配色花样A 26针、27.5行

编织要点

- 手指起针60针，袜口环形编织9行双罗纹针。
- 换针，编织46行配色花样A，不加减针，剪线。在指定位置加线，袜跟编织18行编织花样，往返编织。继续按照图示编织袜跟底部，做编织花样。※袜跟、袜跟底部的编织方法请参照p.52。
- 从袜跟挑针编织，袜底编织配色花样B，袜背编织配色花样A，环形编织。
- 袜头参照图示减针，做编织花样，剩余的针目做下针的无缝缝合。
- 用相同的方法编织2只袜子。

主体

袜头（编织花样）A＝米色 B＝摩卡棕色

（1针）（11针）（1针）（1针）（11针）（1针）

（−8针）（−8针）

袜背（−2针） 袜底

（配色花样A） （配色花样B）

从休针（31针）挑针 （29针）（−3针）（35针）（−3针）

袜跟底部（15针）（7针）（7针）

从★（9针）挑针 从☆（9针）挑针

袜跟 ★（编织花样）☆

（31针）休针 （29针）

A＝米色 B＝摩卡棕色

袜筒

（配色花样A）

23（60针）

袜口（双罗纹针）4号针

A＝灰色 B＝摩卡棕色

（60针）起针

3.5（14行） 13（35行） 2（6行） 3.5（14行） 4（18行） 16.5（46行） 2.5（9行）

※除指定以外均用5号针编织。

主体

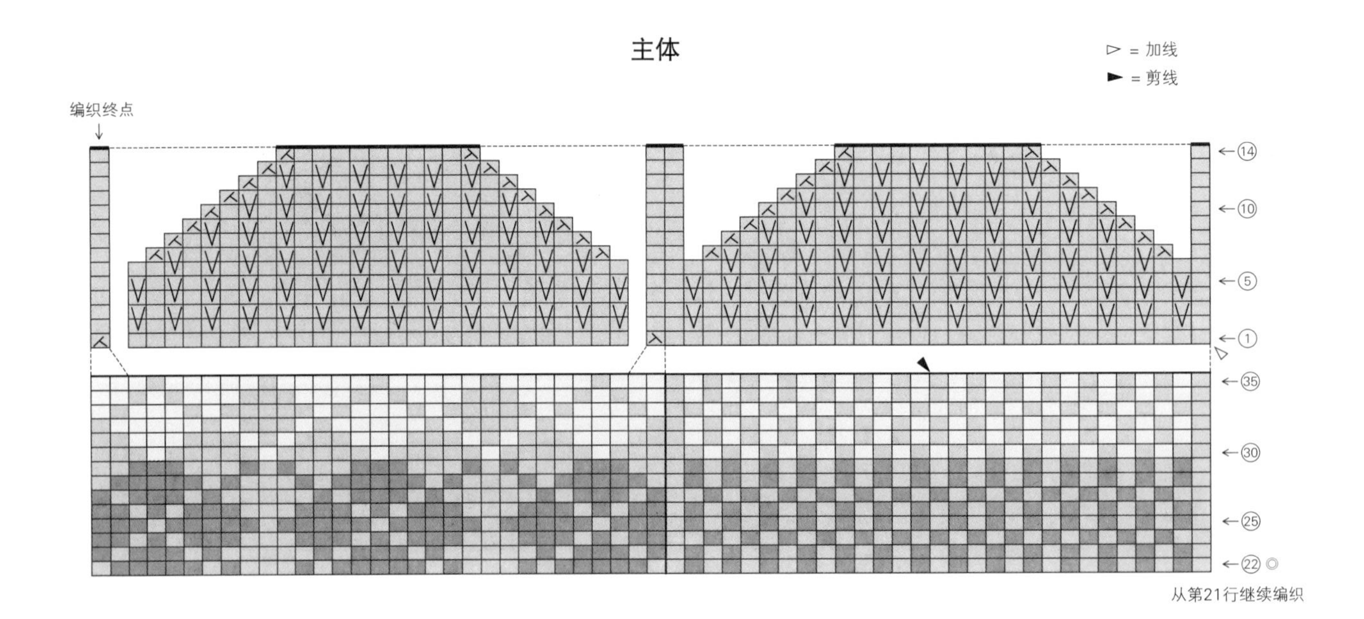

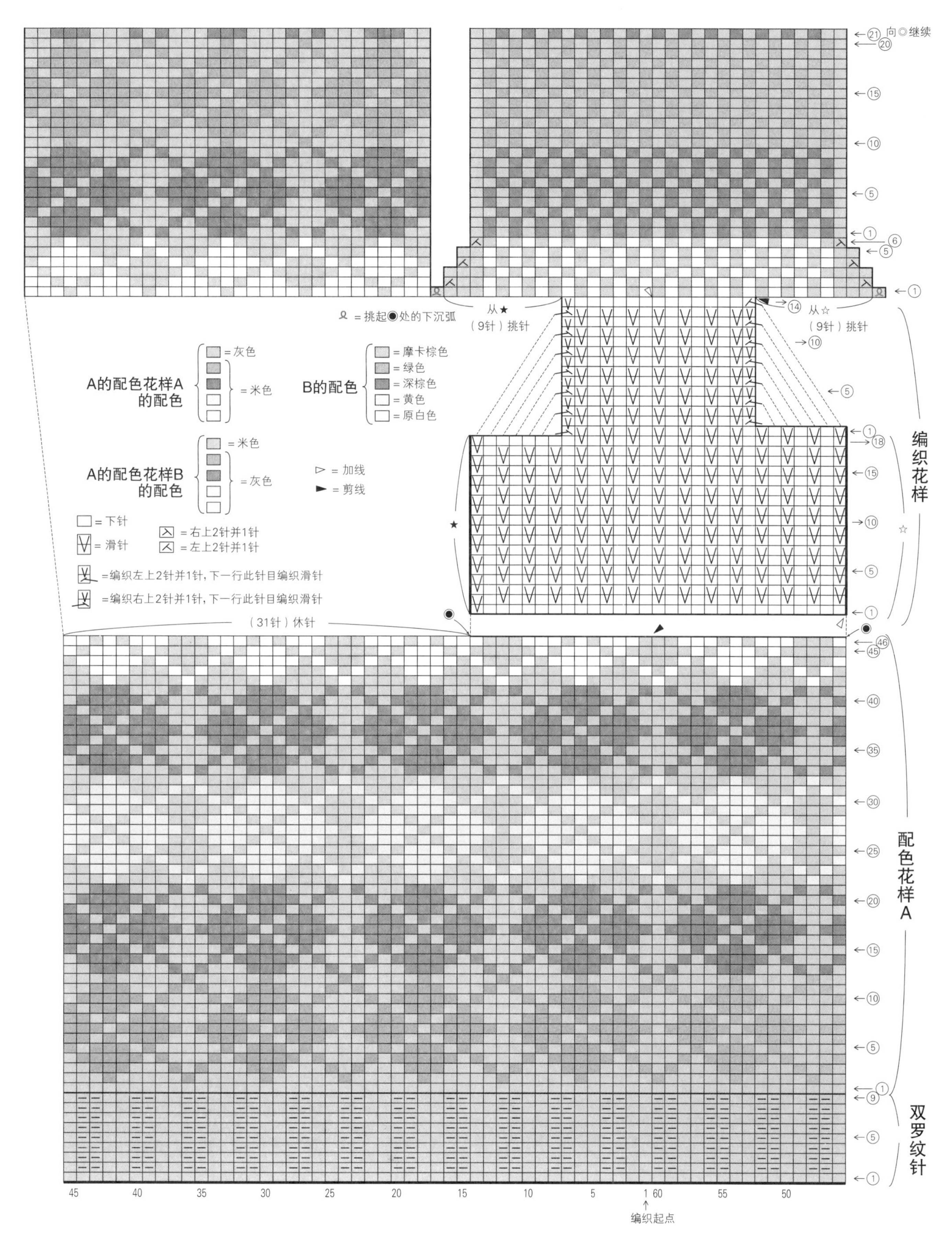

向◎继续
从★
(9针)挑针
从☆
(9针)挑针
= 挑起◉处的下沉弧
A的配色花样A的配色
= 灰色
= 米色
B的配色
= 摩卡棕色
= 绿色
= 深棕色
= 黄色
= 原白色
A的配色花样B的配色
= 米色
= 灰色
▷ = 加线
◀ = 剪线
= 下针
= 滑针
= 右上2针并1针
= 左上2针并1针
= 编织左上2针并1针，下一行此针目编织滑针
= 编织右上2针并1针，下一行此针目编织滑针
(31针)休针
编织花样
配色花样A
双罗纹针
编织起点

菱形花样袜子

图片：p.37 编织要点：p.52

准备

和麻纳卡 Aran Tweed 米色（2）95g

棒针（5根短棒针）7号、6号

成品尺寸

袜底长22.5cm，袜围22cm，袜筒长18cm

编织密度

10cm×10cm面积内：编织花样A和下针编织22针、29行

编织要点

- 手指起针48针，袜口环形编织10行双罗纹针。
- 换针，编织30行编织花样A，不加减针，剪线。在指定位置加线，袜跟编织16行编织花样B，往返编织。继续按照图示编织袜跟底部，做编织花样B。※袜跟、袜跟底部的编织方法请参照p.52。
- 从袜跟挑针编织，袜底做下针编织，袜背做编织花样A，环形编织。
- 袜头参照图示减针，做下针编织，剩余的8针穿线2圈，收紧针目。
- 用相同的方法编织2只袜子。

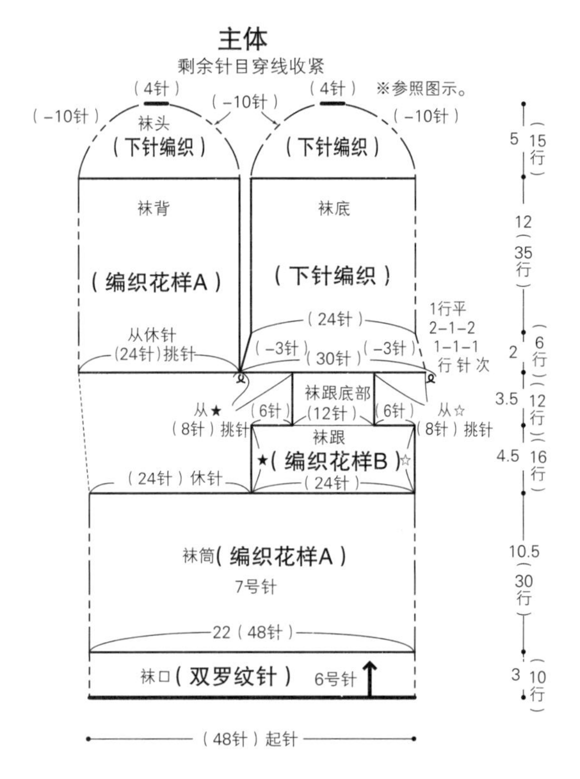

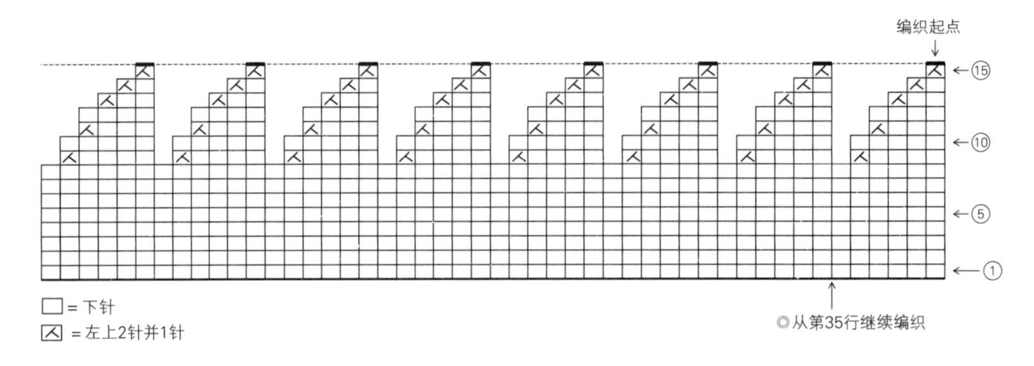

主体

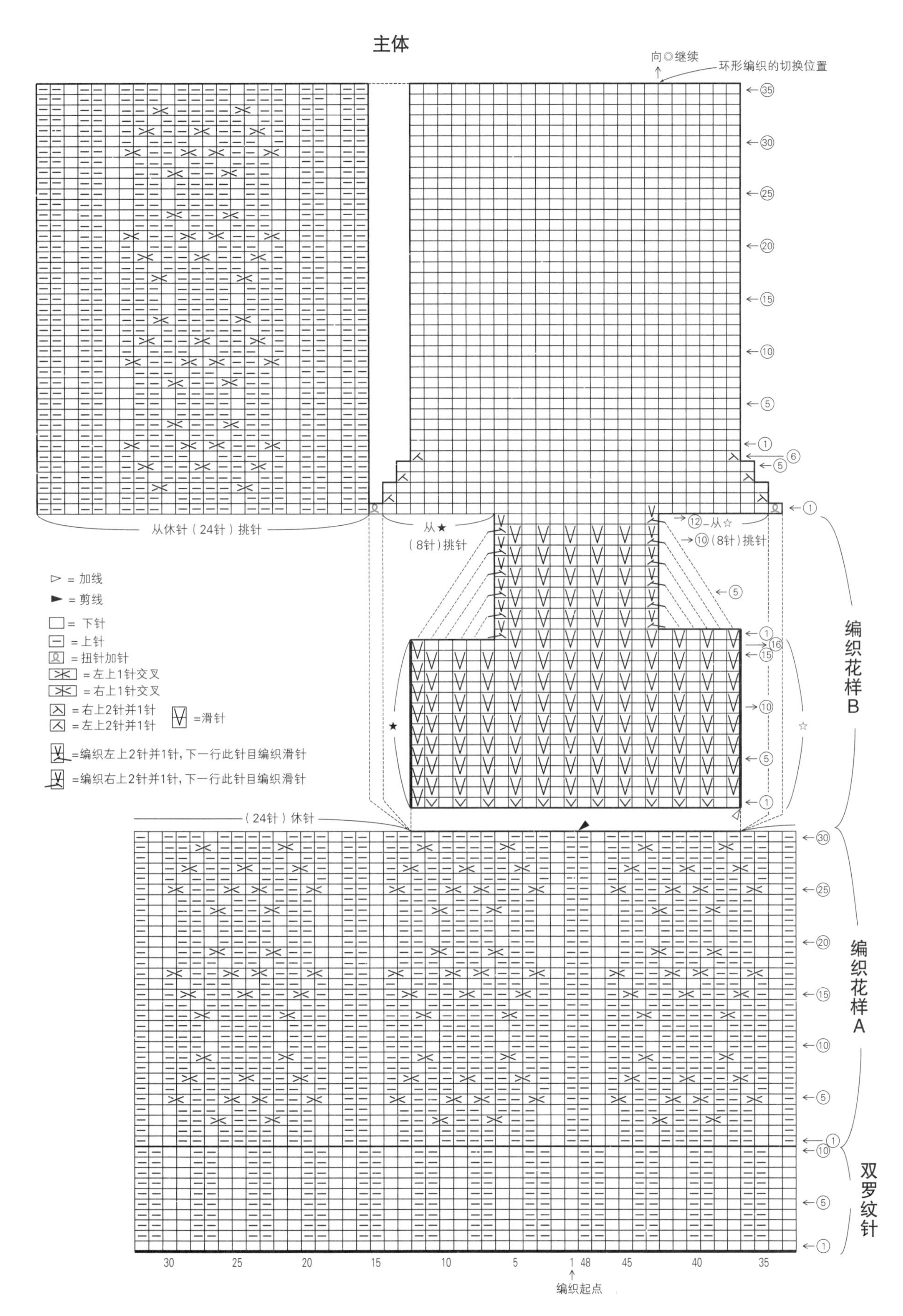

向◎继续
环形编织的切换位置
从休针（24针）挑针
从★（8针）挑针
⑫_从☆⑩（8针）挑针
（24针）休针
编织花样B
编织花样A
双罗纹针
编织起点
▷ = 加线
► = 剪线
□ = 下针
⊟ = 上针
= 扭针加针
= 左上1针交叉
= 右上1针交叉
= 右上2针并1针
= 左上2针并1针
= 滑针
= 编织左上2针并1针，下一行此针目编织滑针
= 编织右上2针并1针，下一行此针目编织滑针

狐狸围巾

图片：p.38

准备

Richmore Spectre Modem 红茶色(54)105g、灰色(56)14g、浅米色(2)5g

棒针(4根短棒针)8号，也可以准备主体用的迷你环针8号

成品尺寸

宽9.5cm，长84.5cm(狐狸腿除外)

编织密度

10cm×10cm面积内：编织花样22针、26.5行，下针编织20针、26.5行

编织要点

- 另线锁针起针40针，环形编织下针和编织花样。
- 在前腿位置另线编织下针，然后将针目移至左棒针，另线上方继续做下针编织，编织至152行(主体编织完之后再处理线头很不方便，所以在换线时编织几行就开始处理线头，然后继续编织)。
- 面部做下针编织和配色花样，中途留出处理线头用的9针返口(参照p.43"编织拇指孔")。如果使用迷你环针，从减针位置开始换为4根针编织。剩余14针每隔1针穿线，第2圈在没有穿线的针目上穿线，收紧针目。
- 解开另线锁针起针挑针，第1行减针2针。后腿位置用另线编织下针，然后将针目移至左棒针，另线上方继续做下针编织，编织尾巴。同样留出处理线头用的返口。剩余6针穿线2圈，收紧针目。
- 前、后腿的针目分成上下两侧，用2根棒针挑针，抽出另线。加线从两边的渡线开始逐针挑针16针，环形做下针编织。最终行按照图示减针，剩余8针穿线2圈，收紧针目。
- 耳朵和细绳手指起针，按照图示编织。
- 参照组合图将部件组合在一起。

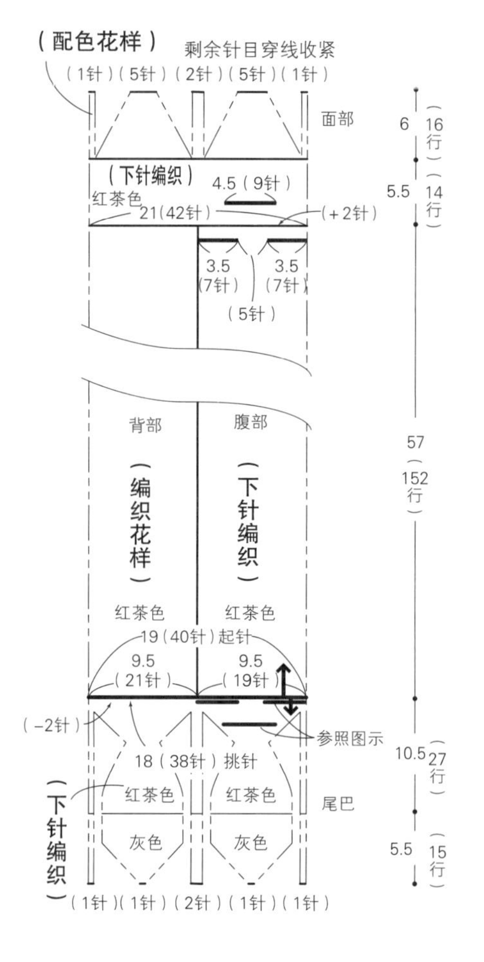

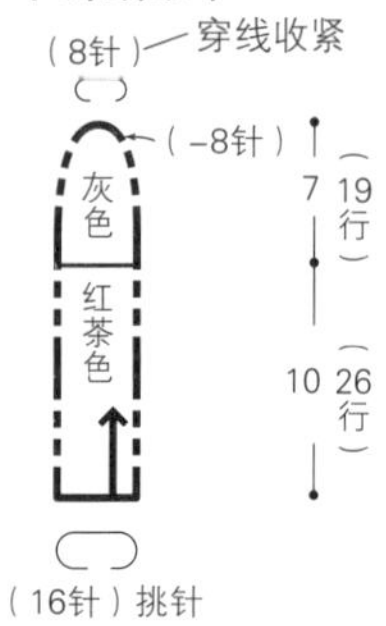

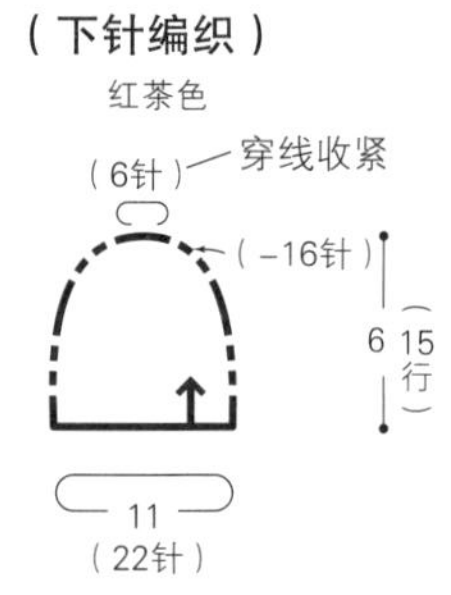

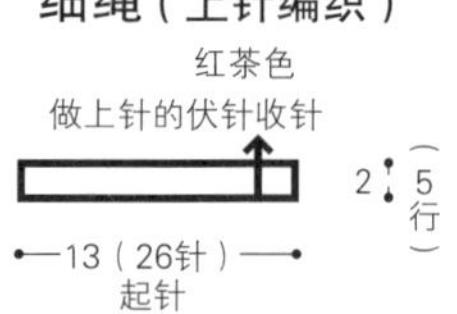

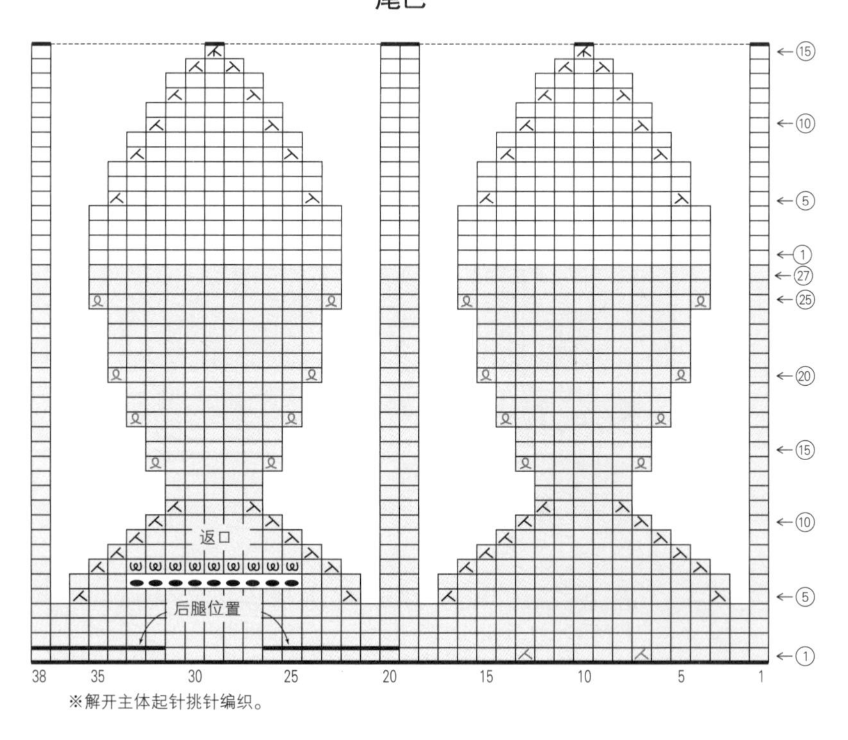

※解开主体起针挑针编织。

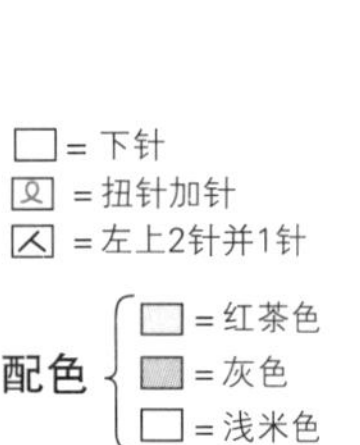

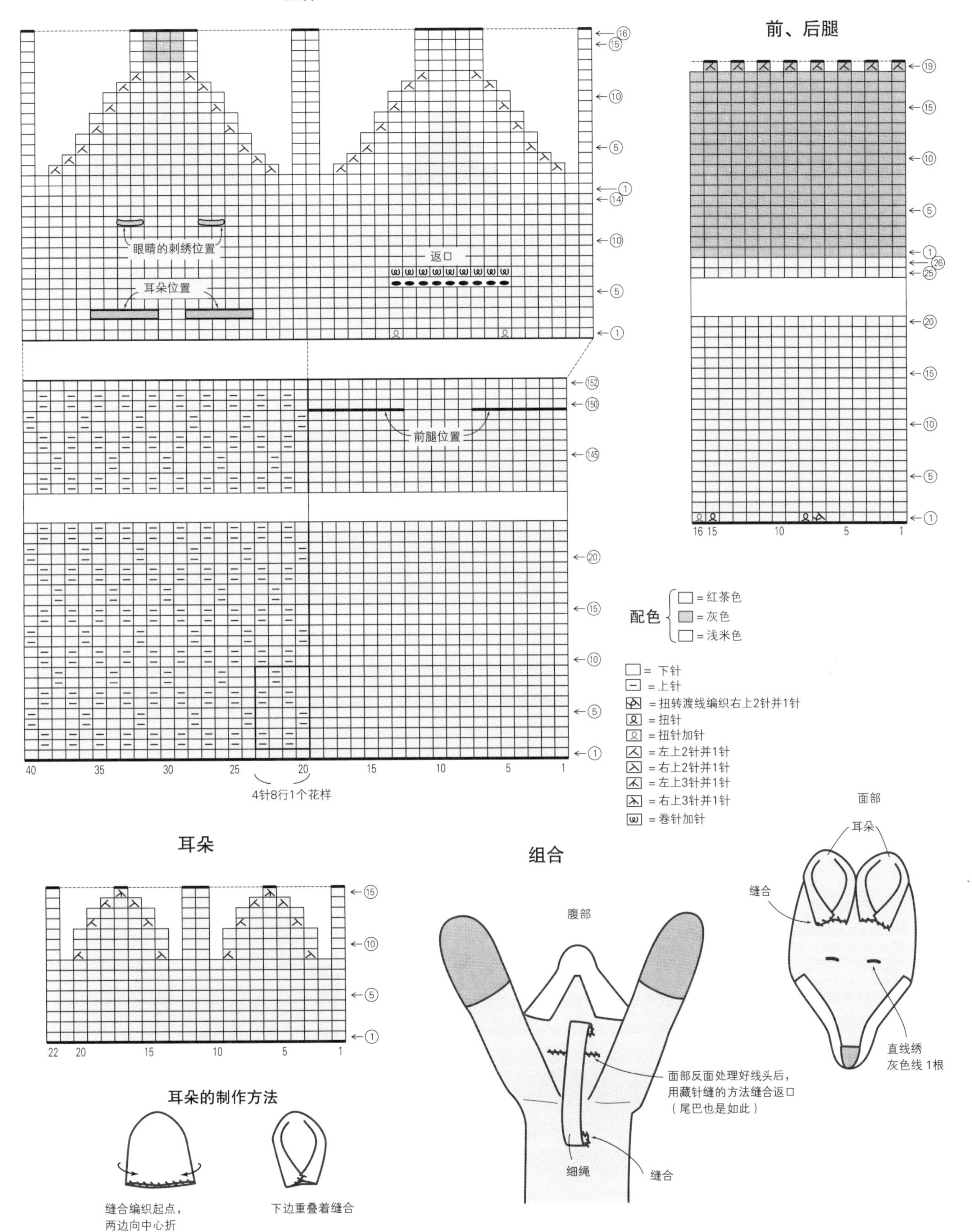
主体
眼睛的刺绣位置
耳朵位置
返口
前腿位置
4针8行1个花样
前、后腿
配色
= 红茶色
= 灰色
= 浅米色
= 下针
= 上针
= 扭转渡线编织右上2针并1针
= 扭针
= 扭针加针
= 左上2针并1针
= 右上2针并1针
= 左上3针并1针
= 右上3针并1针
= 卷针加针
耳朵
耳朵的制作方法
缝合编织起点，
两边向中心折
下边重叠着缝合
组合
腹部
面部反面处理好线头后，
用藏针缝的方法缝合返口
（尾巴也是如此）
细绳
缝合
面部
耳朵
缝合
直线绣
灰色线 1根

儿童帽子

图片：p.39

准备

Richmore Percent 灰蓝色（24）47g、淡米色（124）27g

棒针（4根）5号、4号

成品尺寸

帽围47cm，帽深19.5cm

编织密度

10cm×10cm面积内：配色花样27针、28.5行

编织要点

- 手指起针128针，环形编织35行双罗纹针。
- 换针，用横向渡线的方法编织配色花样，一边在帽顶分散减针，一边编织42行。
- 剩余16针每隔1针穿线，第2圈在没有穿线的针目上穿线，收紧针目。
- 取2根灰蓝色线和1根淡米色线，制作绒球，缝在帽顶上。

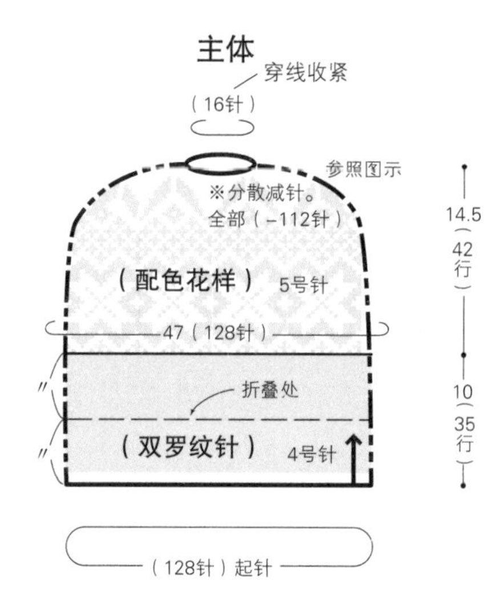

主体

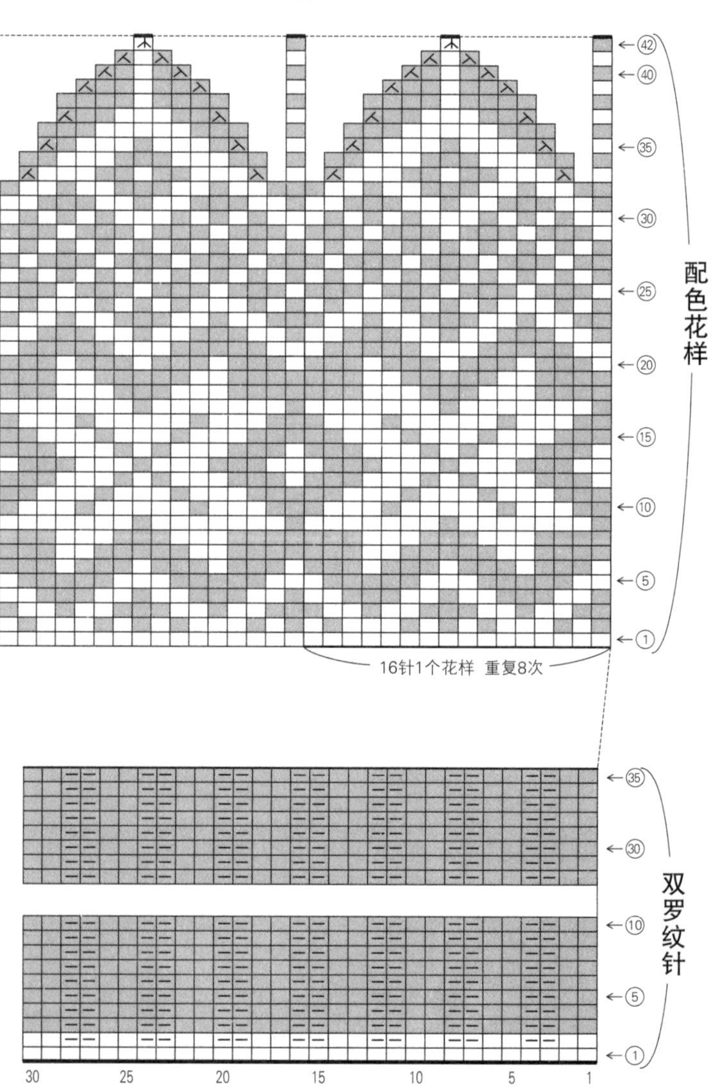

绒球

完成

制作绒球，缝上

绒球的制作方法

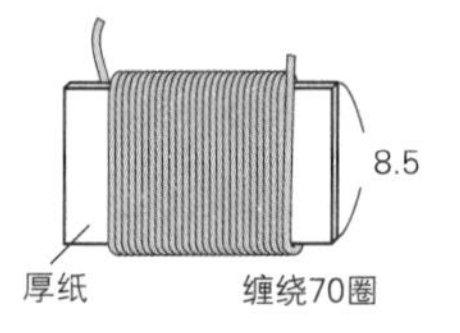

取2根灰蓝色线和1根淡米色线一起缠绕70圈

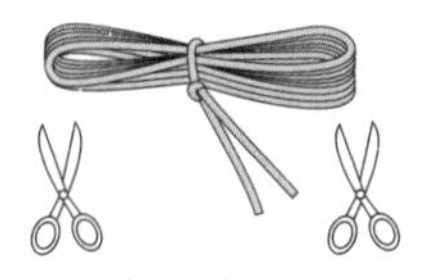

中间系紧，两端剪开，修整形状

配色 {□＝淡米色 ■＝灰蓝色

□＝下针

㊀＝上针

⼈＝左上2针并1针

入＝右上2针并1针

木＝中上3针并1针

儿童露指手套

图片：p.39

准备

Richmore Percent 淡米色（124）23g、灰蓝色（24）11g

棒针（5根短棒针）4号、3号

成品尺寸

掌围14cm，长14cm

编织密度

10cm×10cm面积内：配色花样28针、34.5行

编织要点

- 手指起针36针，环形编织36行双罗纹针条纹。
- 换针，第1行编织4针加针，用横向渡线的方法编织配色花样。
- 在拇指位置编入另线，然后将针目移至左棒针，另线上方继续编织配色花样（左手和右手拇指位置不同）。
- 换针，编织4行双罗纹针条纹，做伏针收针。
- 拇指的针目分成上下两侧，用2根棒针挑针，抽出另线。加线从两端的渡线开始逐针挑针20针，做环形编织。编织7行双罗纹针条纹，做伏针收针。

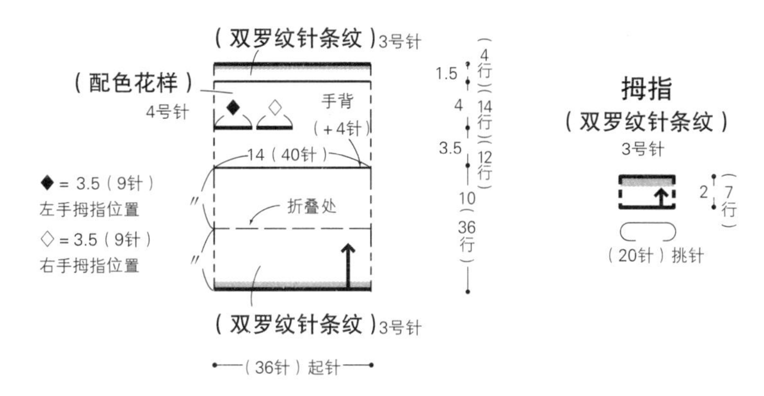

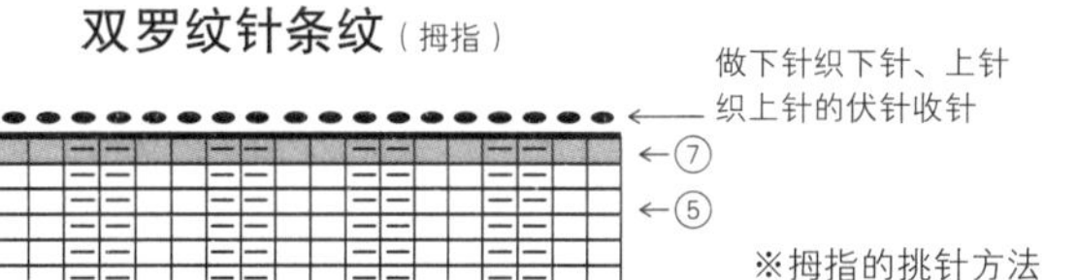

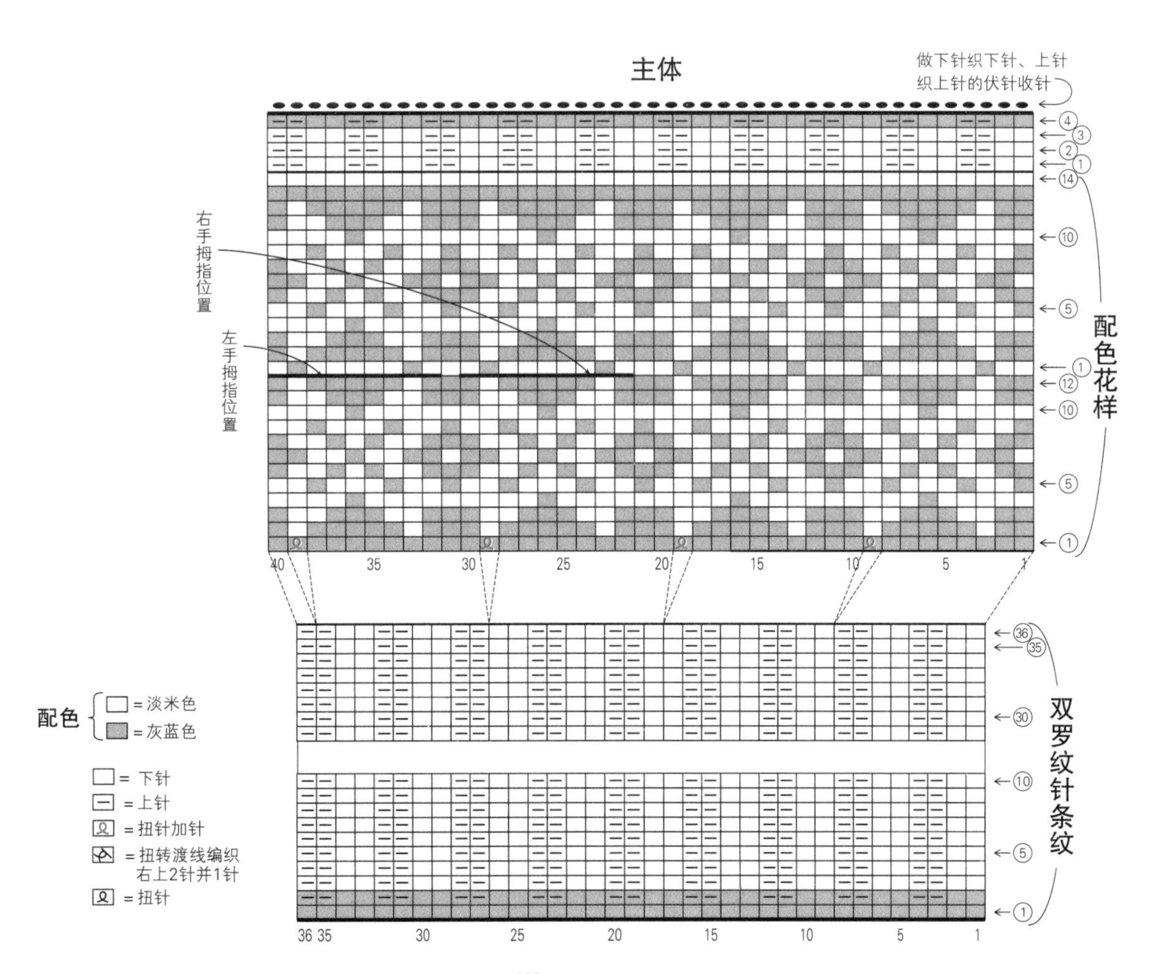

基本的编织方法

手指起针

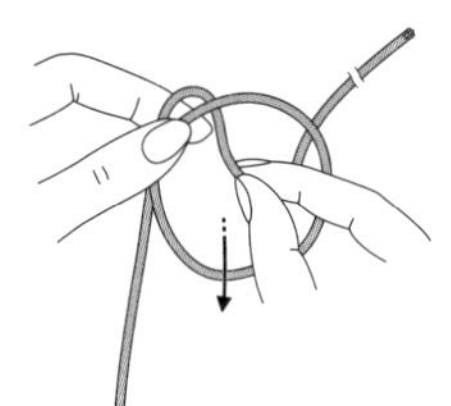

❶线头留需要编织的长度的3倍，做一个线圈，将线从里面拉出。

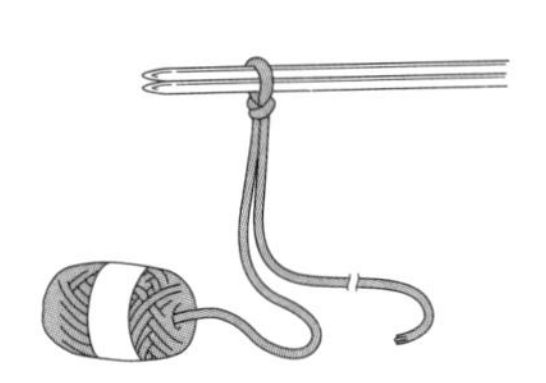

❷将2根棒针插入线圈，将线拉紧，完成第1针。将短线挂在拇指上，将线团的线挂在食指上。

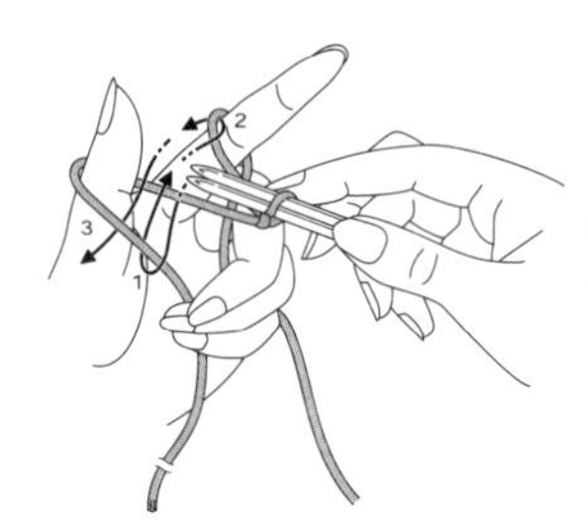

❸按照图示转动棒针，在棒针上挂线。

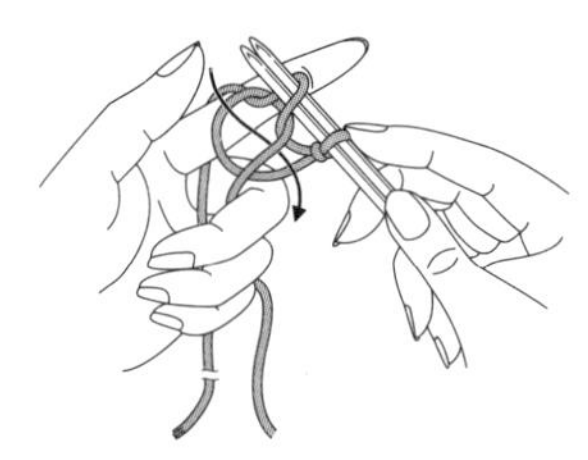

❹将拇指上的线取下，如箭头所示再次插入拇指。

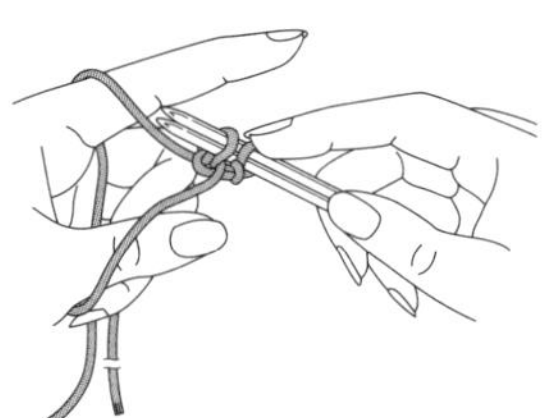

❺将线拉紧，第2针完成了。重复步骤❸~❺。

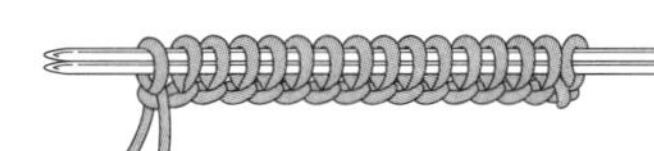

❻起所需要的针数。第2行抽出1根棒针，开始编织。

将起针连成环形

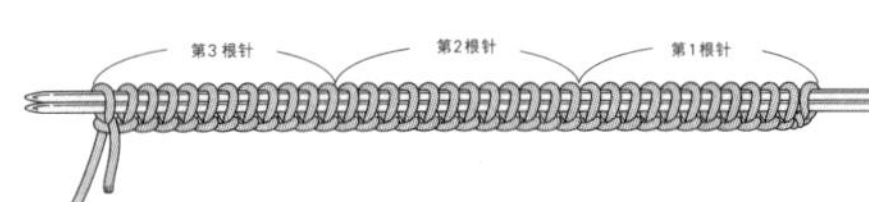

❶手指起针后，将针目分到3根棒针上。

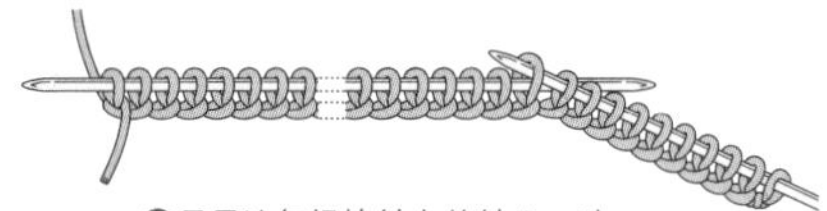

❷尽量让每根棒针上的针目一致。

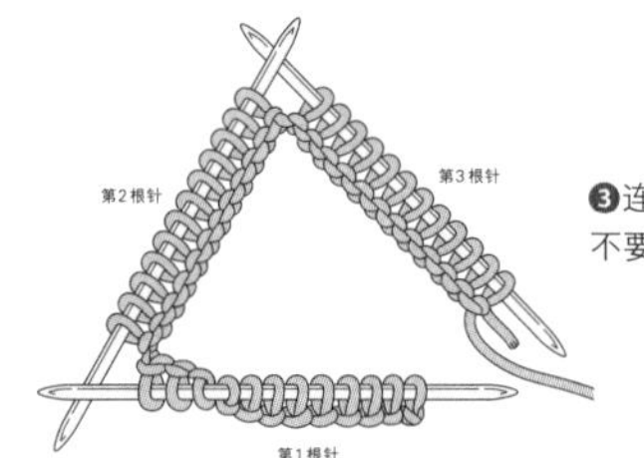

❸连成环形，注意不要扭转针目。

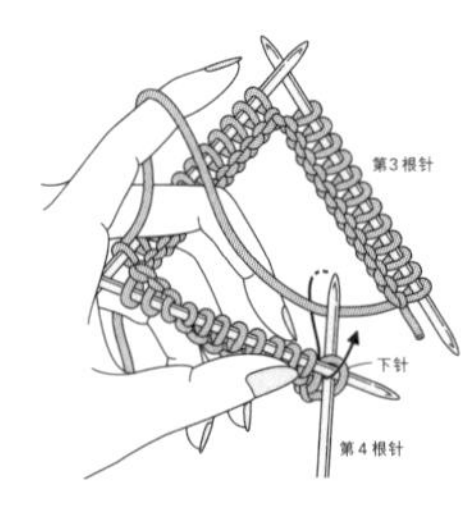

❹下面开始编织第 2 行。左手挂线，将第 4 根棒针插入第 1 针，编织下针（p.115）。

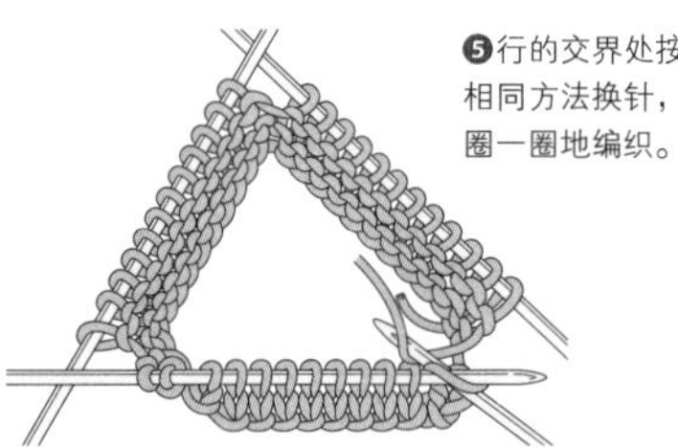

❺行的交界处按照相同方法换针，一圈一圈地编织。

另线锁针起针也相同

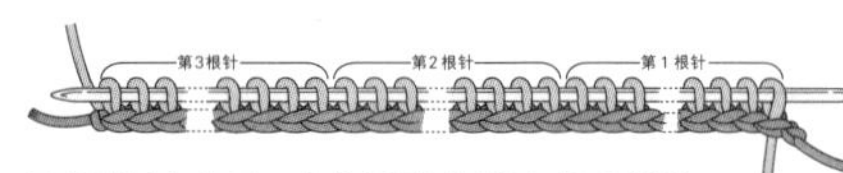

另线锁针起针后，也按照“将起针连成环形”的要领，将针目均匀地分到3根棒针上，连成环形，注意不要扭转针目。

挑起另线锁针的里山起针

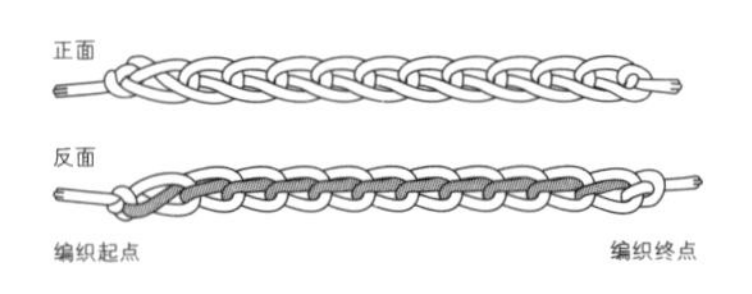

❶用作品之外的线起所需要的针数，或者多起一些。

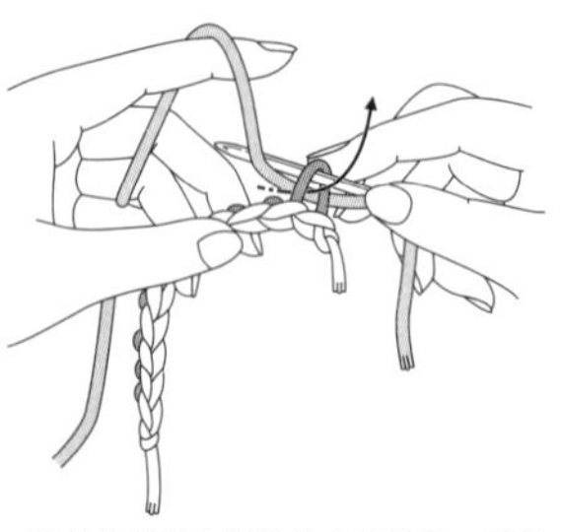

❷将棒针插入锁针终点的里山，用编织线挑针。

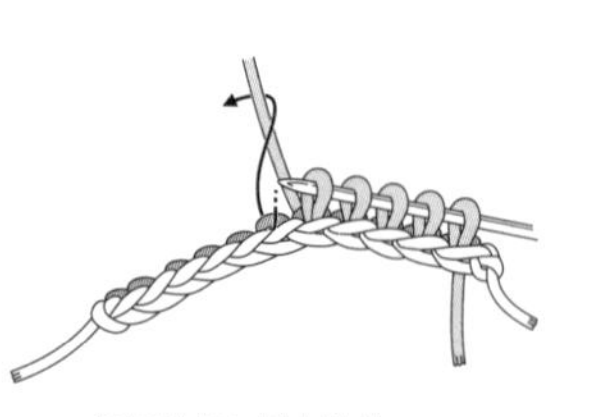

❸逐针插入里山挑针。

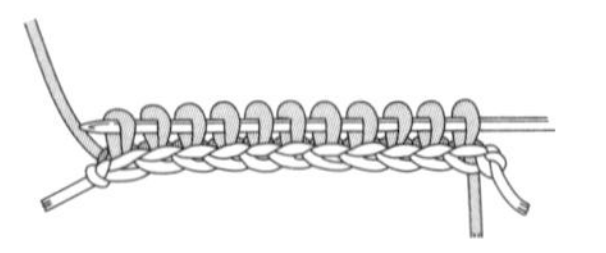

❹挑好了所需要的针数。

从另线锁针起针挑针

※解开另线锁针的方法（从另线锁针的编织终点挑针编织时）。

右端

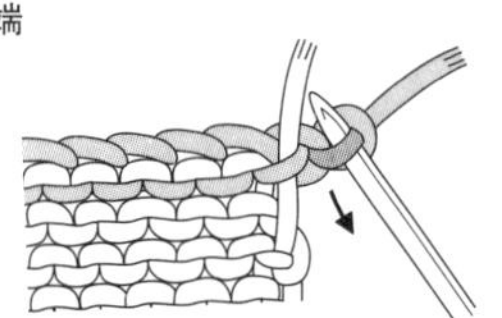

❶看着织片反面，将棒针插入另线锁针的里山，将线头挑出。

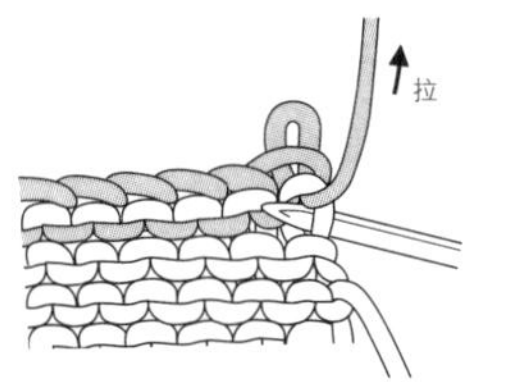

❷将棒针插入端头针目，抽出另线锁针。

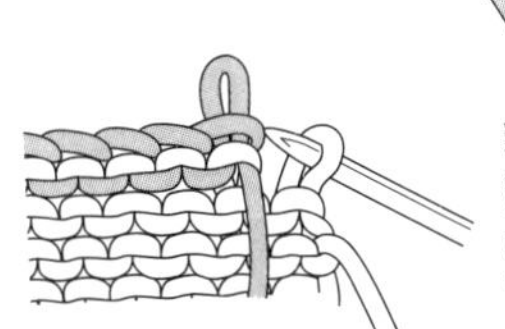

❸解开了1针。

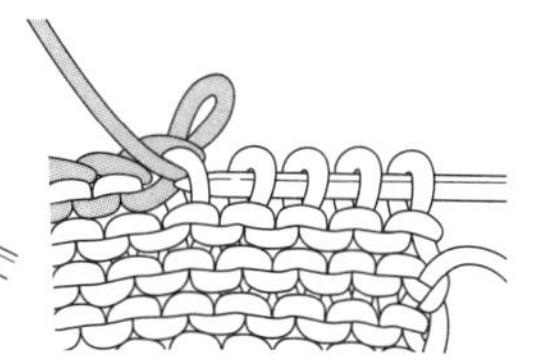

❹逐针解开另线锁针，同时将针目移至右棒针。

左端

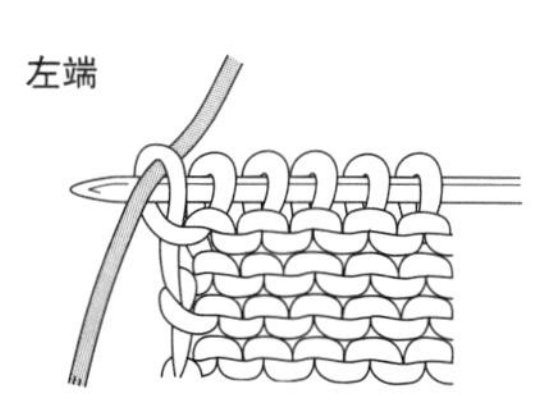

❺最后一针扭转着插入右棒针，抽出另线。

下针

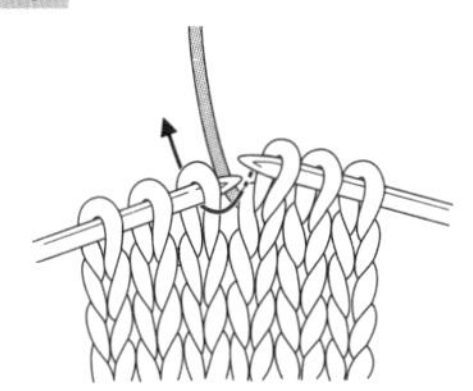

❶编织线放在左棒针的后面，从织片前面将右棒针插入。

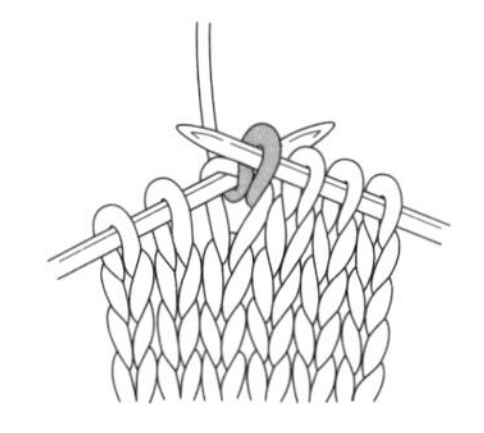

❷挂线并按照图示拉出，抽出左棒针。下针织好了。

上针

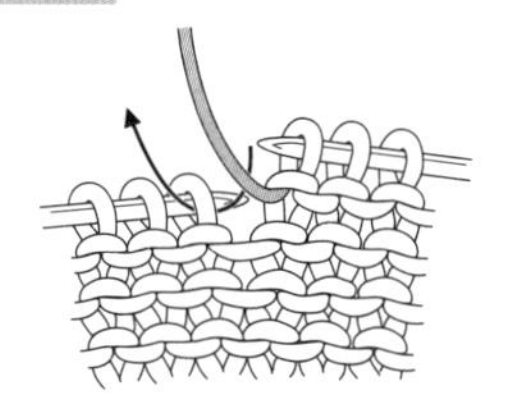

❶编织线放在左棒针的前面，从织片后面将右棒针插入。

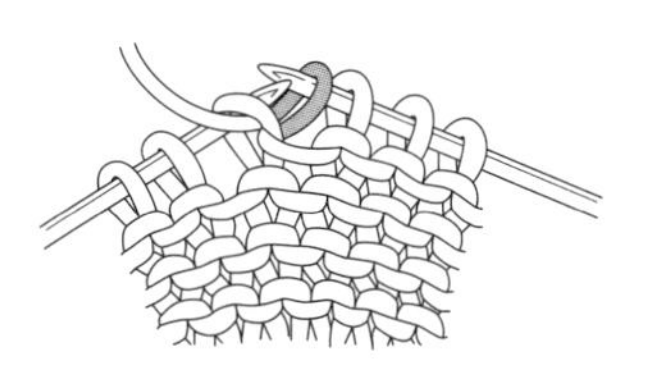

❷挂线并按照图示拉出，抽出左棒针。

伏针

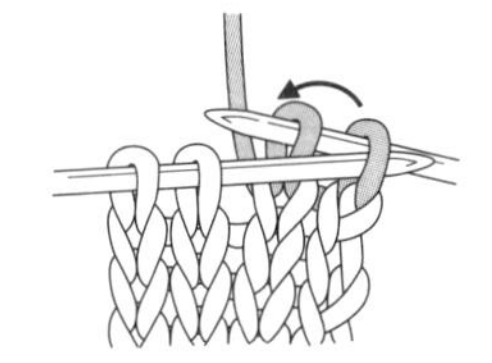

❶端头2针编织下针。用第1针盖住第2针。

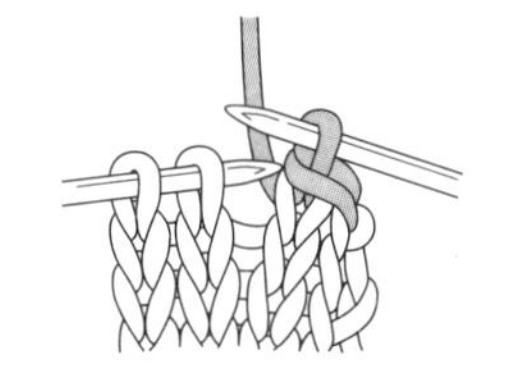

❷伏针完成了。

上针的伏针

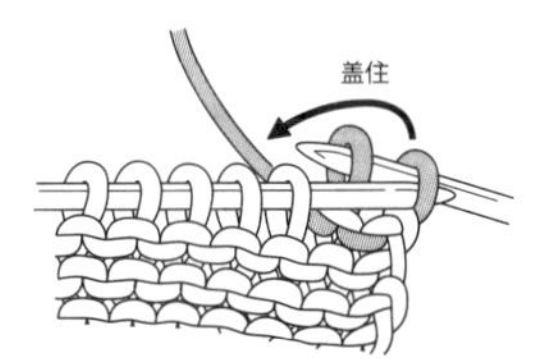

❶端头2针编织上针。用第1针盖住第2针。

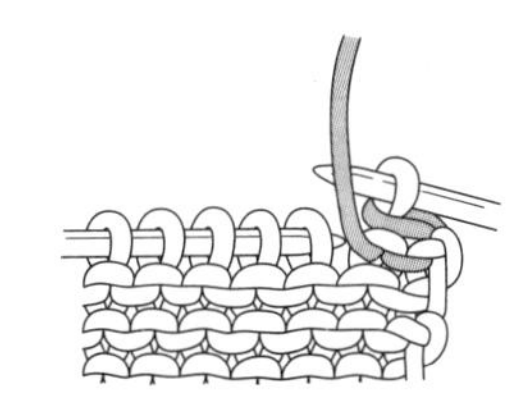

❷上针的伏针完成了。

右上2针并1针

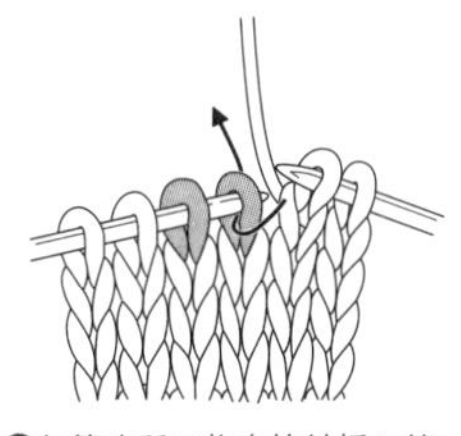

❶如箭头所示将右棒针插入第1针，不编织，直接移过来。

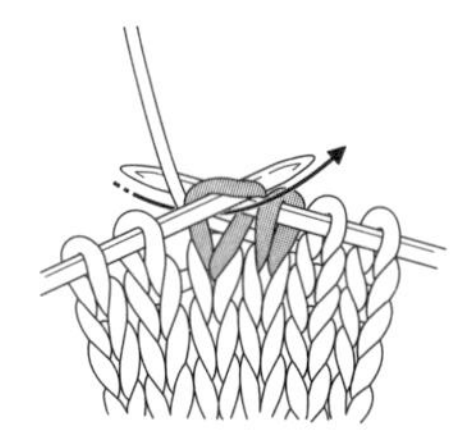

❷将右棒针插入第2针，编织下针。

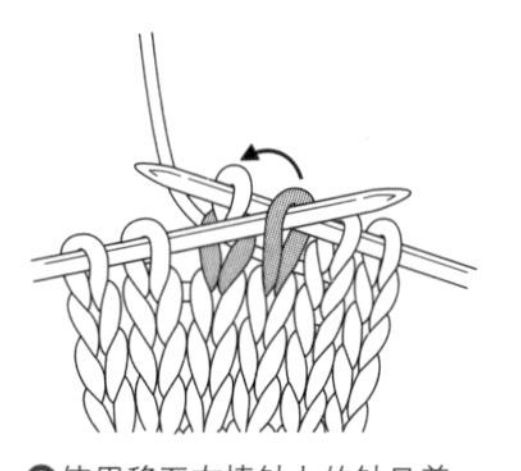

❸使用移至右棒针上的针目盖住步骤❷中编织的针目。

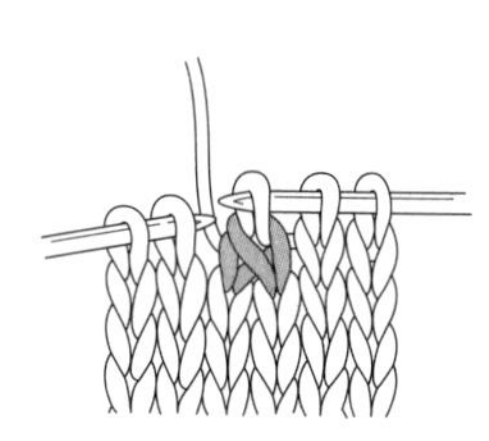

❹抽出左棒针，右上2针并1针完成。

上针的右上2针并1针

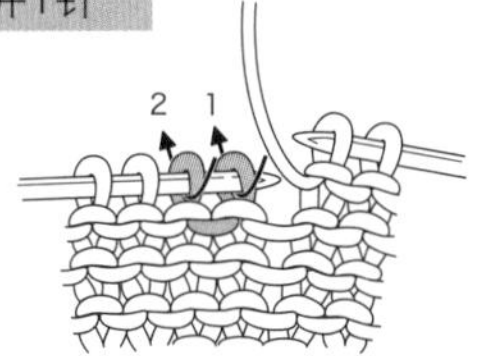

❶交换针目1、2。首先如箭头所示将针目移至右棒针。

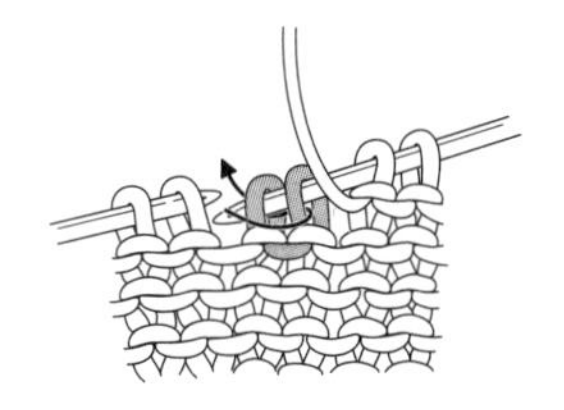

❷如箭头所示将左棒针插入2个针目，移过去。

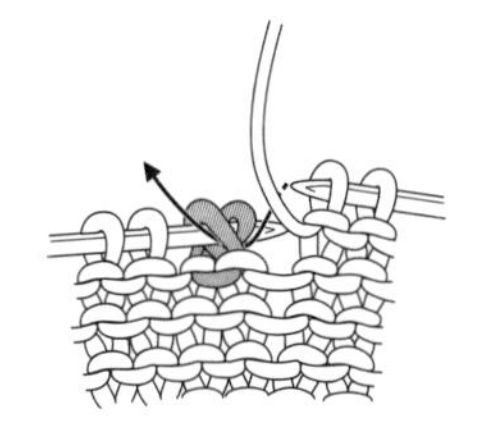

❸针目交换了位置。如箭头所示将右棒针插入，2针一起编织下针。

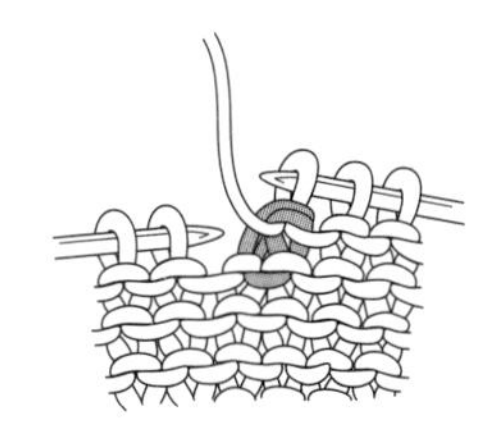

❹上针的右上2针并1针完成。

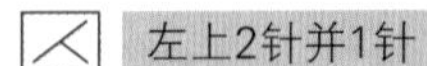

左上2针并1针

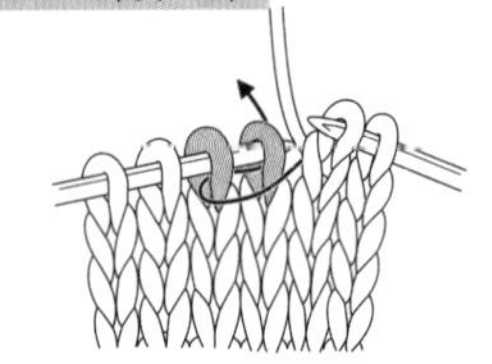

❶按照图示将右棒针插入2个针目，2针一起编织下针。

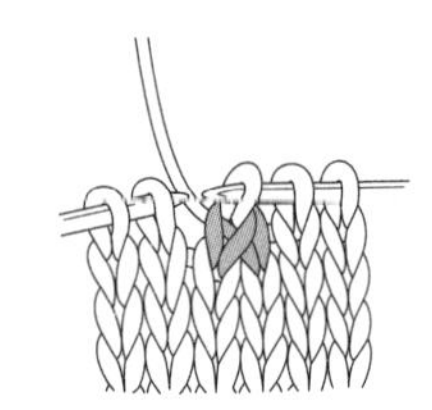

❷左上2针并1针完成。

上针的左上2针并1针

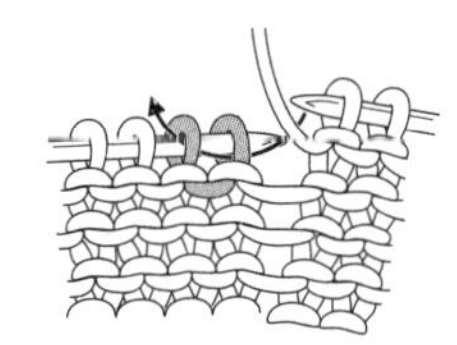

❶按照图示将右棒针插入2个针目，2针一起编织上针。

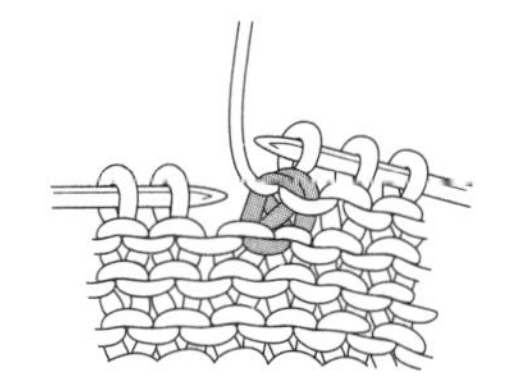

❷上针的左上2针并1针完成。

右上3针并1针

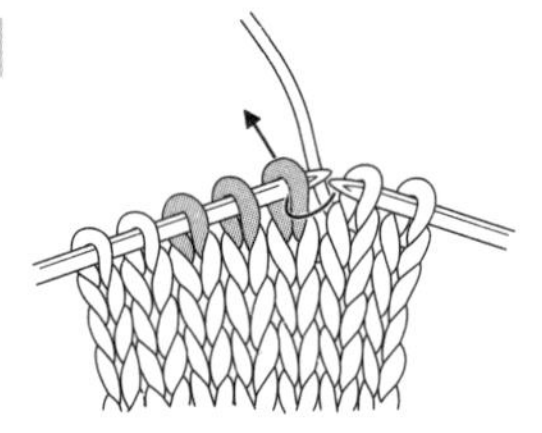

❶如箭头所示将右棒针插入第1针，不编织，直接移过去。

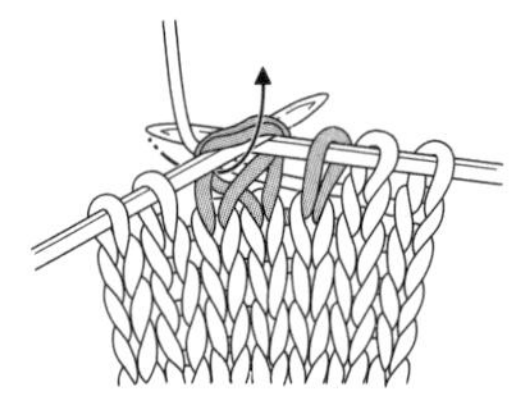

❷将右棒针插入后面的2针，编织下针。

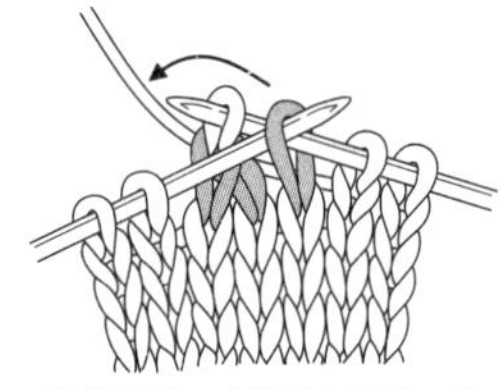

❸使用移至右棒针上的针目盖住步骤❷中编织的针目。

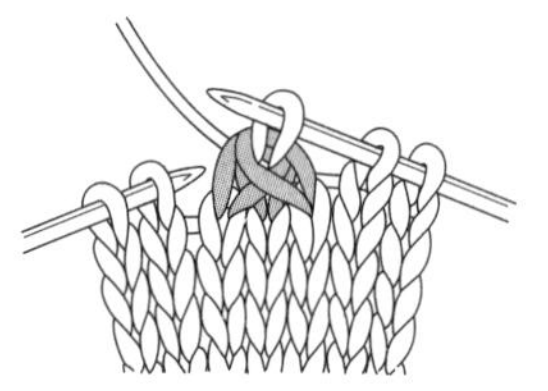

❹抽出左棒针，右上3针并1针完成。

中上3针并1针

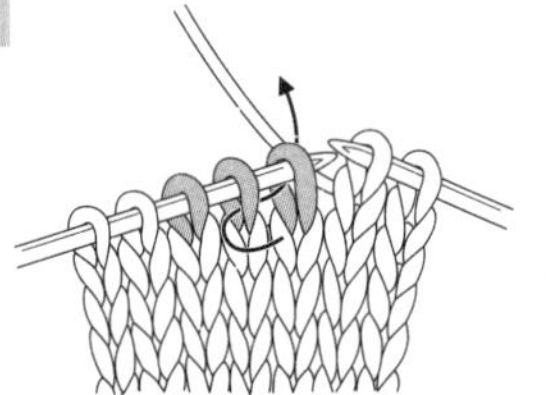

❶如箭头所示，将右棒针插入2个针目，不编织，直接移过去。

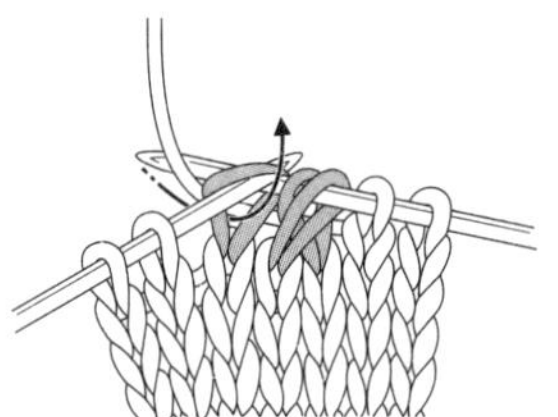

❷如箭头所示将右棒针插入第3针，编织下针。

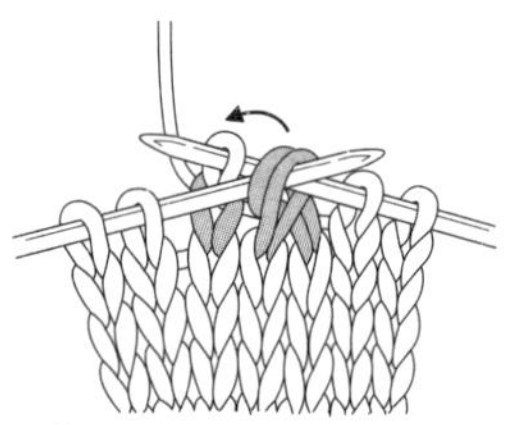

❸将左棒针插入移过来的针目，使其盖住步骤❷中编织的针目。

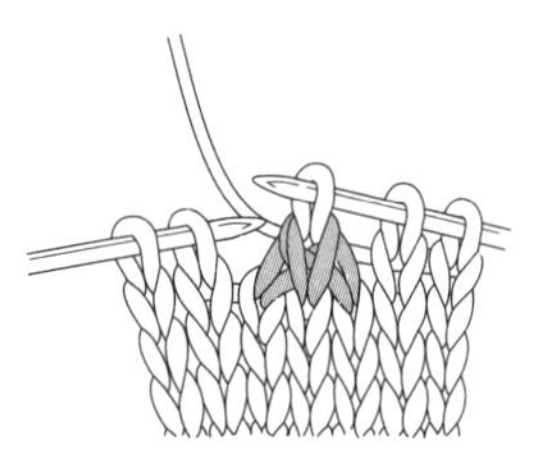

❹抽出左棒针，中上3针并1针完成。

左上3针并1针

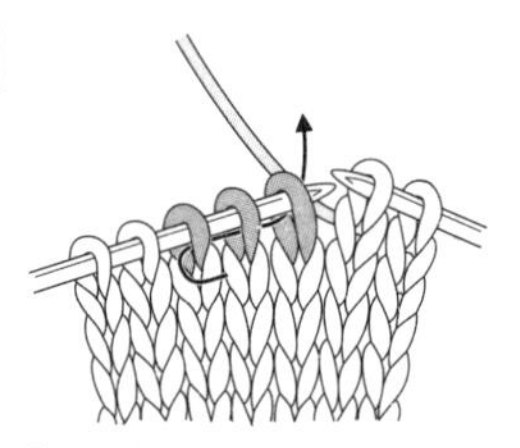

❶将右棒针从第3针左侧插入。

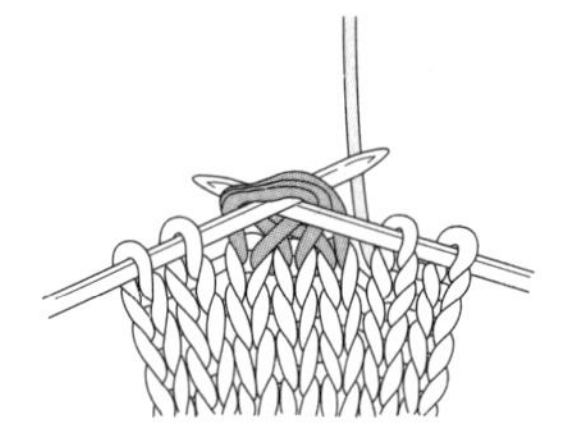

❷插好了。

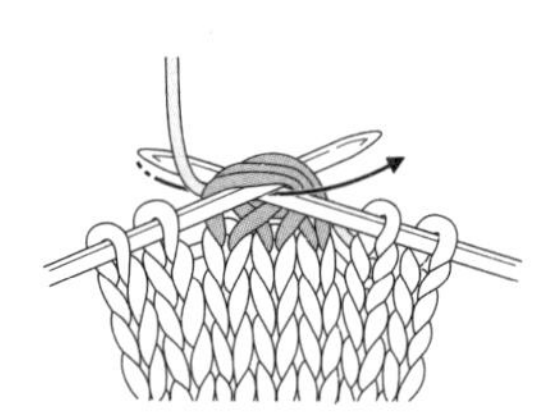

❸3针一起编织下针。

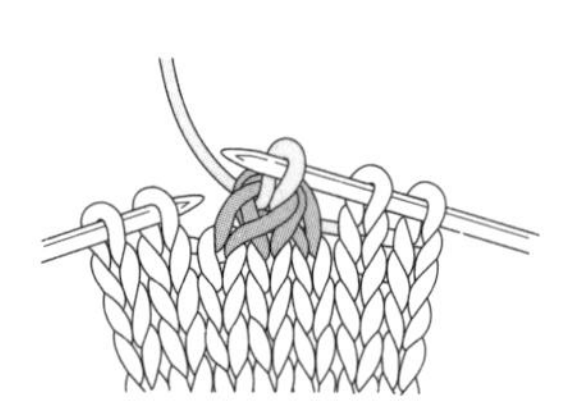

❹左上3针并1针完成。

上针的右上3针并1针

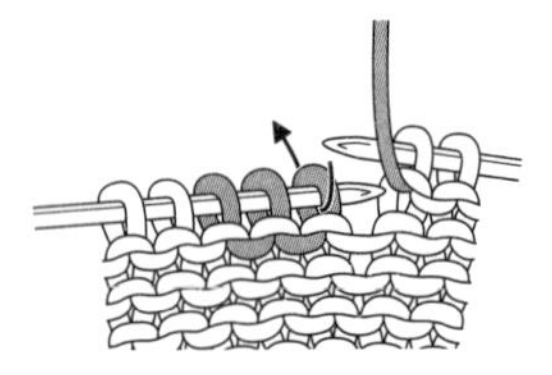

❶将右棒针插入第1针，不编织，直接移过去。

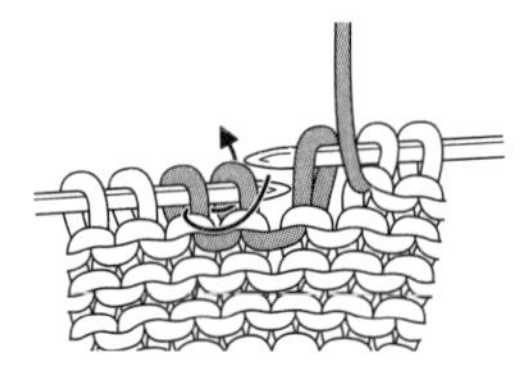

❷将右棒针插入后面的2针，不编织，直接移过去。

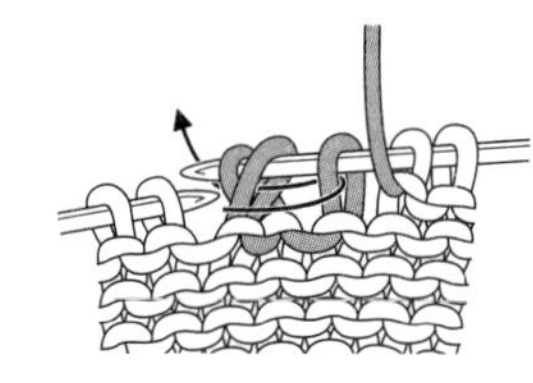

❸如箭头所示插入左棒针，将针目移回去。

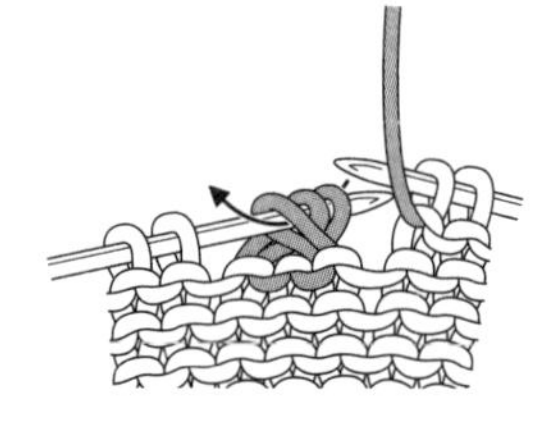

❹将右棒针插入3个针目，一起编织上针。

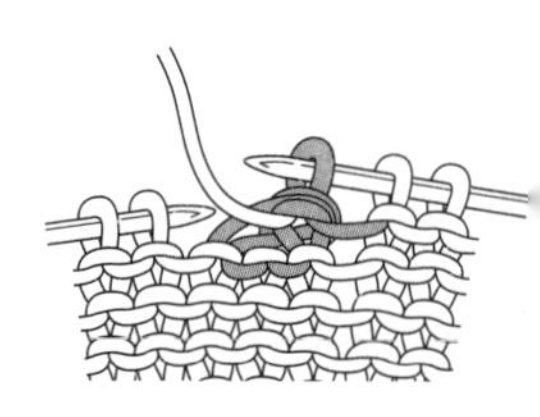

❺上针的右上3针并1针完成。

上针的左上3针并1针

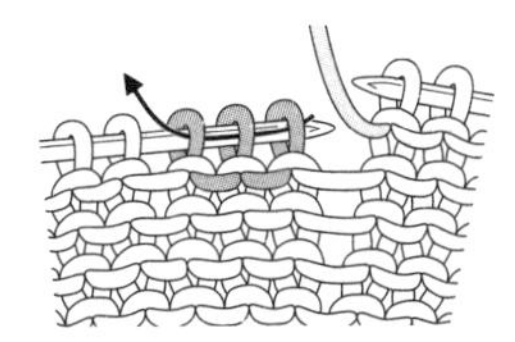

❶将右棒针从右侧插入3个针目。

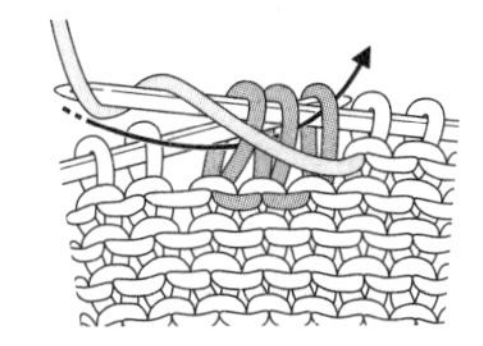

❷3针一起编织上针。

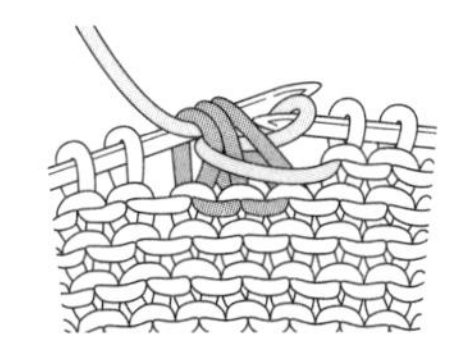

❸将线拉出后，将左棒针抽出。

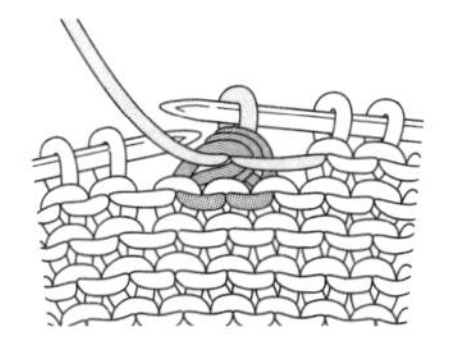

❹上针的左上3针并1针完成。

右上1针交叉

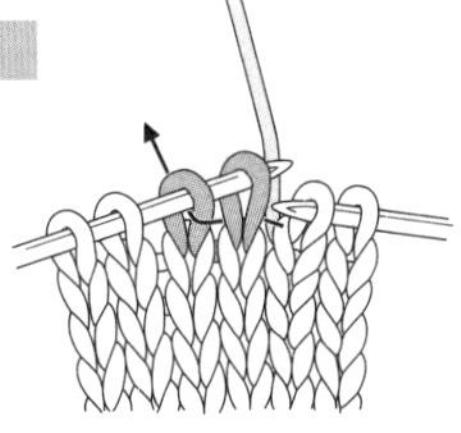

❶如箭头所示，经过右边针目的后侧，从左边针目的前侧将右棒针插入。

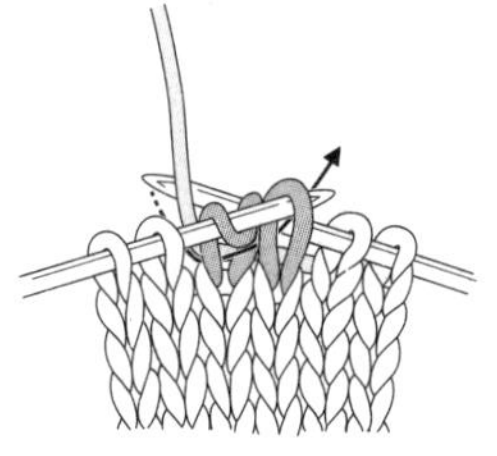

❷挂线，如箭头所示拉出，编织下针。

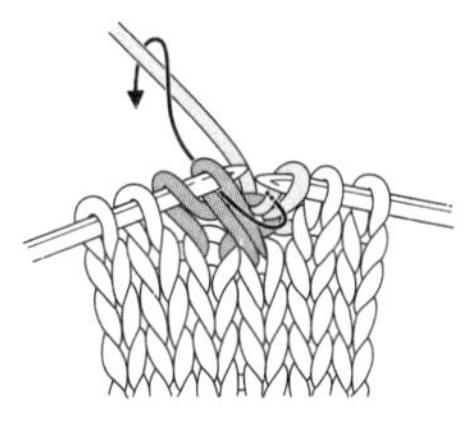

❸保持此状态，右边针目挂线并拉出，编织下针。

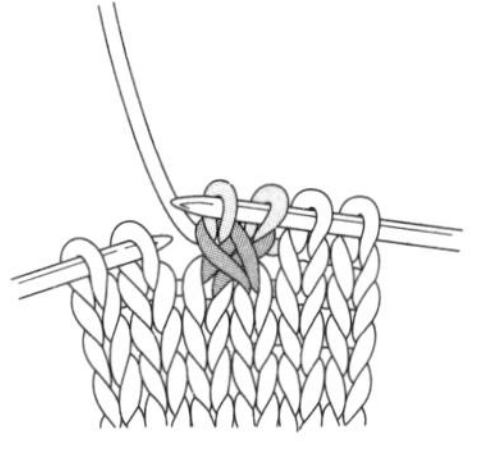

❹将编织结束的2针从左棒针上取下，右上1针交叉完成。

右上1针交叉（下侧是上针）

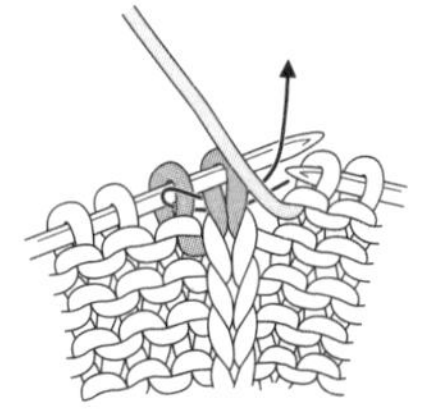

❶将线放在织片前侧，如箭头所示，从左边针目的后侧插入右棒针。

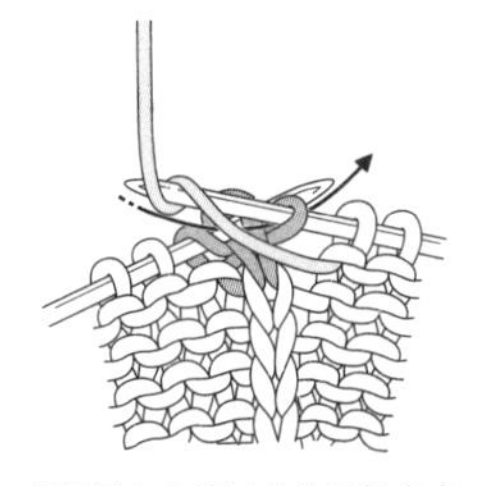

❷将插入右棒针的针目拉向右边针目的右侧，编织上针。

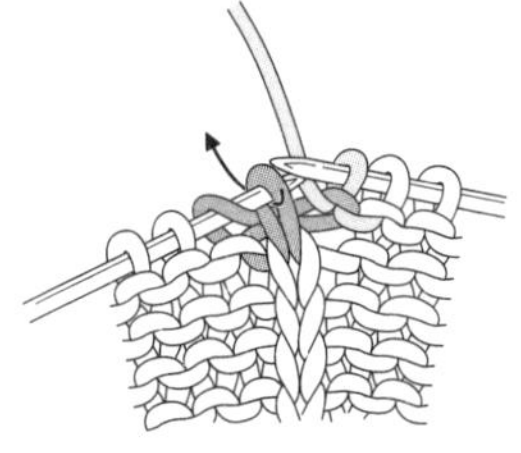

❸左边针目不取下，右边针目编织下针。

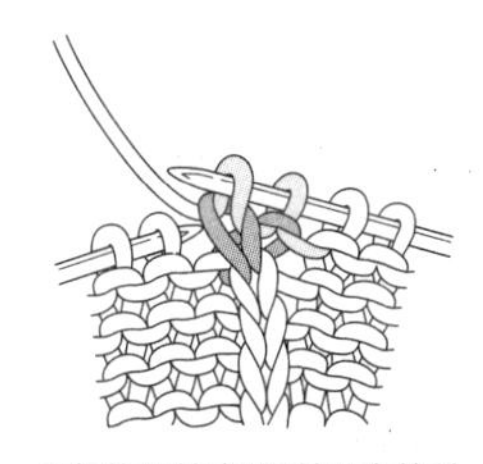

❹将编织结束的2针从左棒针上取下，右上1针交叉（下侧是上针）完成。

左上1针交叉

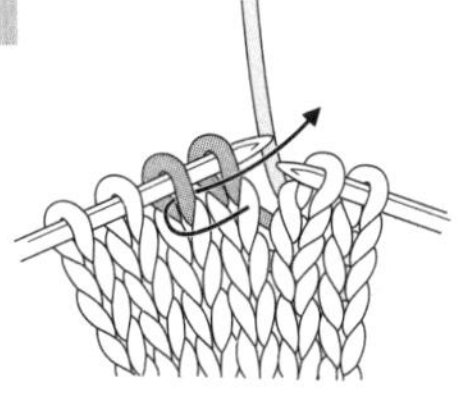

❶如箭头所示，从左边针目的前侧将右棒针插入，编织下针。

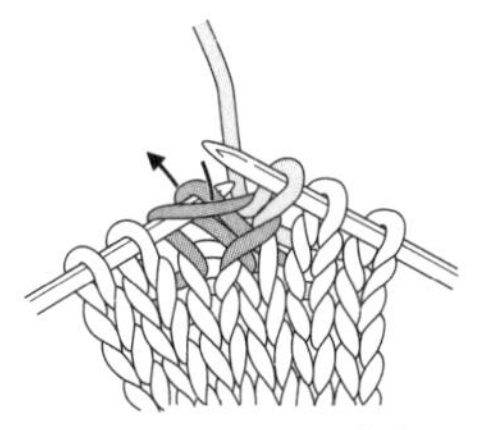

❷左边针目不取下，如箭头所示将右棒针插入右边针目。

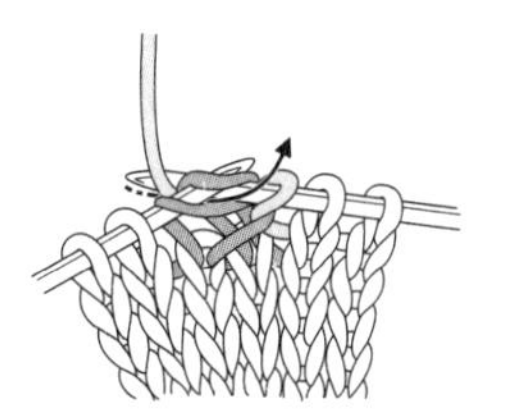

❸挂线，编织下针。

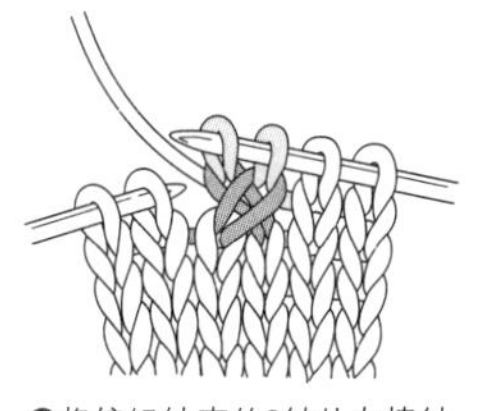

❹将编织结束的2针从左棒针上取下，左上1针交叉完成。

左上1针交叉（下侧是上针）

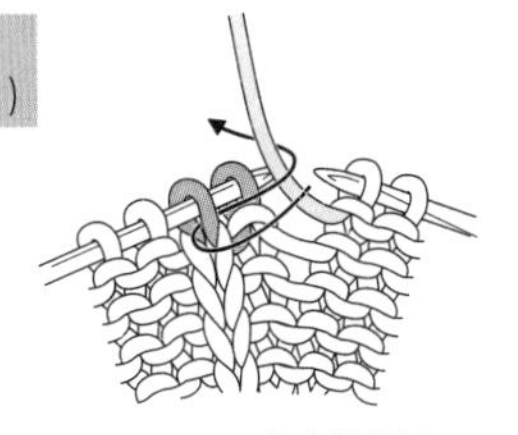

❶如箭头所示，将右棒针插入左边的针目，编织下针。

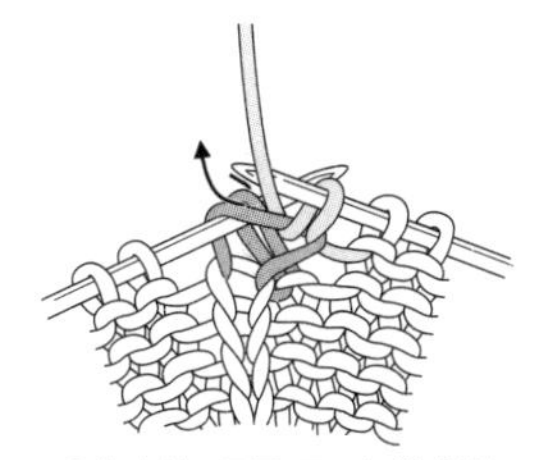

❷左边针目不取下，如箭头所示将右棒针插入右边针目。

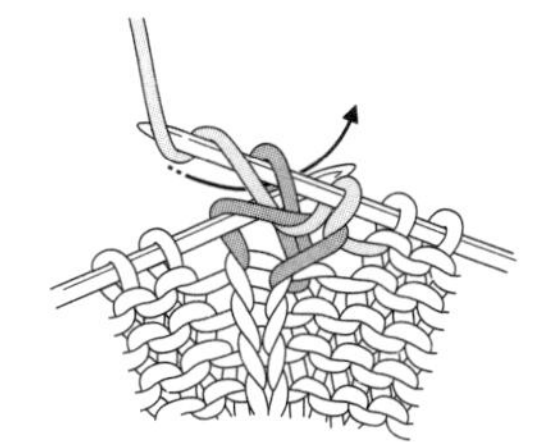

❸挂线，编织上针。

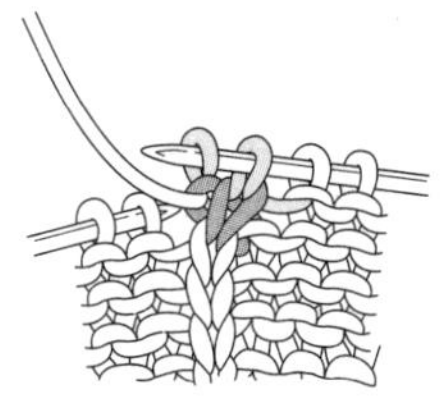

❹将编织结束的2针从左棒针上取下，左上1针交叉（下侧是上针）完成。

右上2针交叉

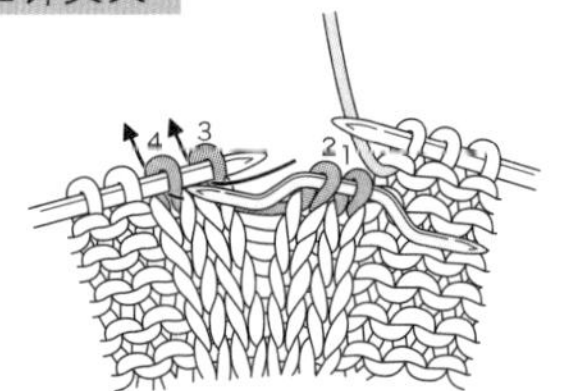

❶将右边的2针移至麻花针，放在织片前面休针。

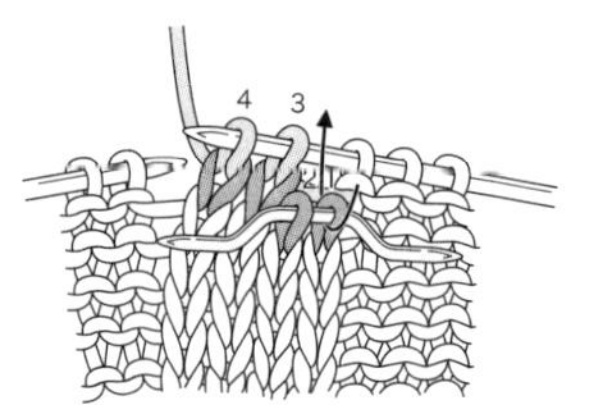

❷针目3、4编织下针。

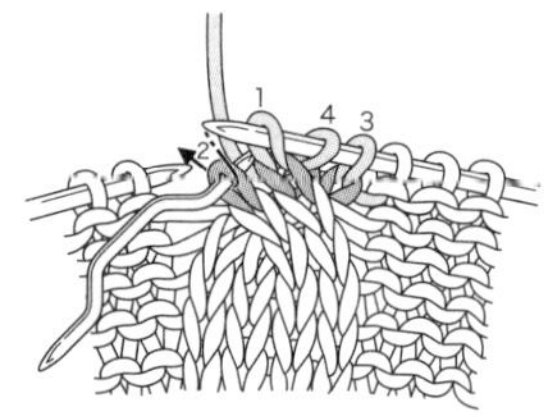

❸麻花针上的针目1、2分别编织下针。

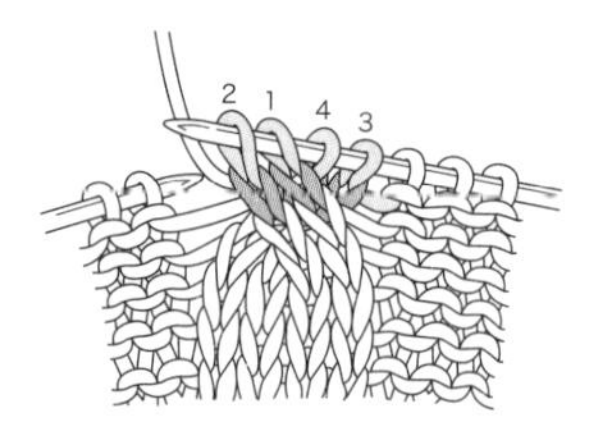

❹右上2针交叉完成。

左上2针交叉

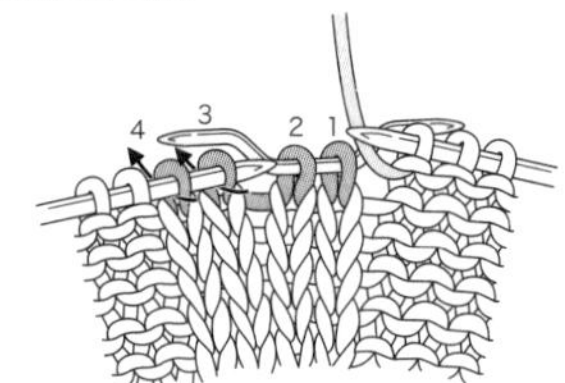

❶将右边的2针移至麻花针，放在织片后面休针。

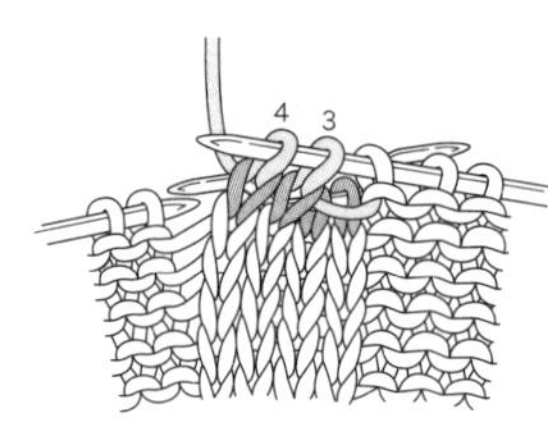

❷针目3、4编织下针。

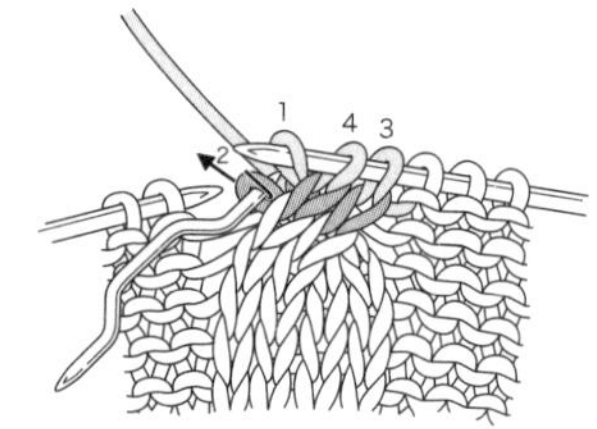

❸麻花针上的针目1、2分别编织下针。

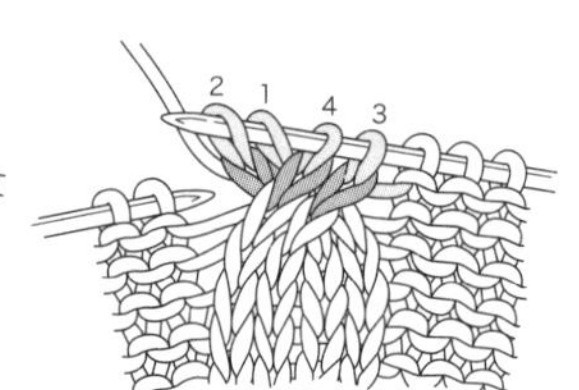

❹左上2针交叉完成。

右上2针和1针交叉

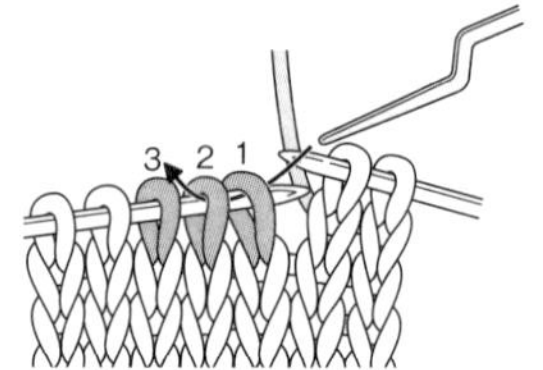

❶将右侧2针移至麻花针。

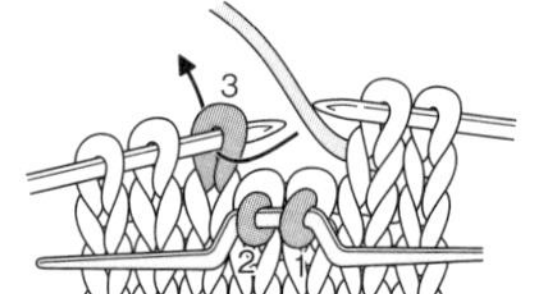

❷在织片前面休针，针目3编织下针。

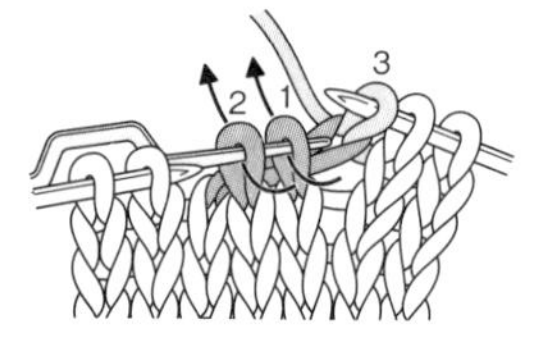

❸移至麻花针上的2针依次编织下针。

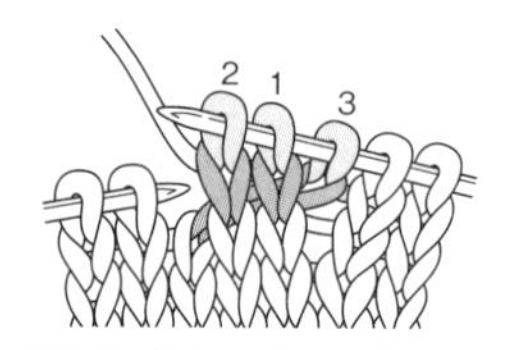

❹右上2针和1针交叉完成。

左上2针和1针交叉

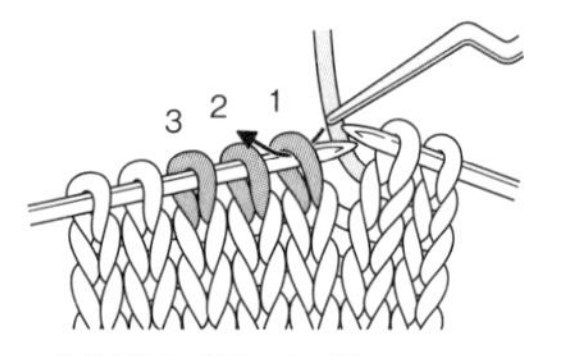

❶将针目1移至麻花针。

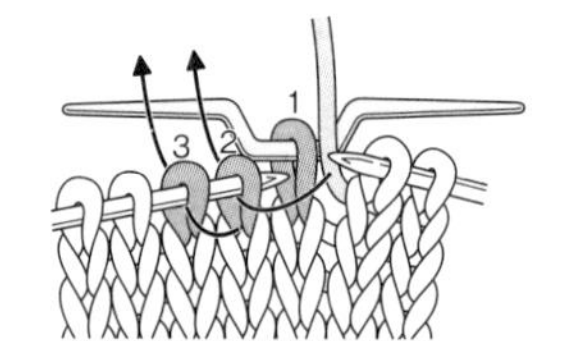

❷在织片后面休针，针目2、3编织下针。

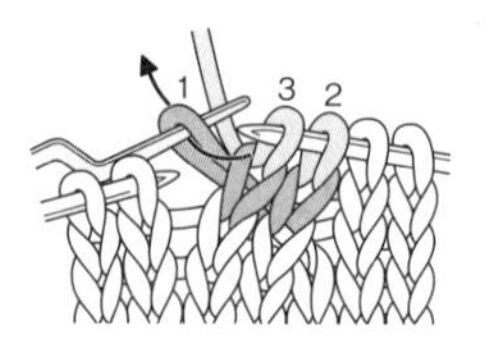

❸移至麻花针上的针目编织下针。

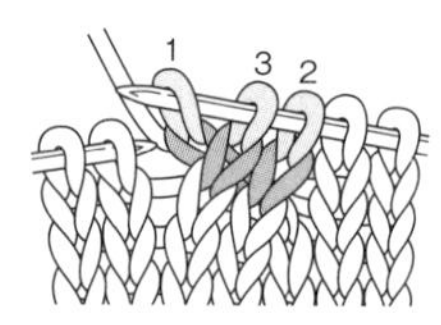

❹左上2针和1针交叉完成。

滑针

⇐ •
⇒ ×

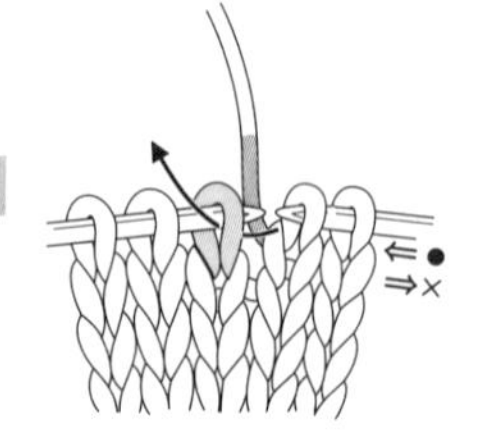

❶将线放在后侧，如箭头所示将右棒针插入，直接移过来。

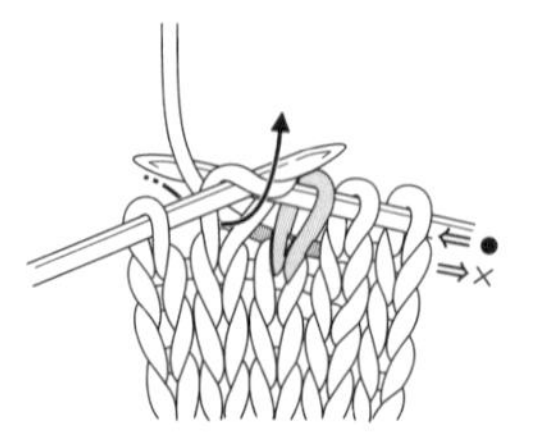

❷下一针按照图示入针，编织下针。移过来的针目就是滑针。

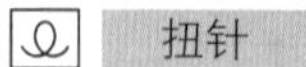

扭针

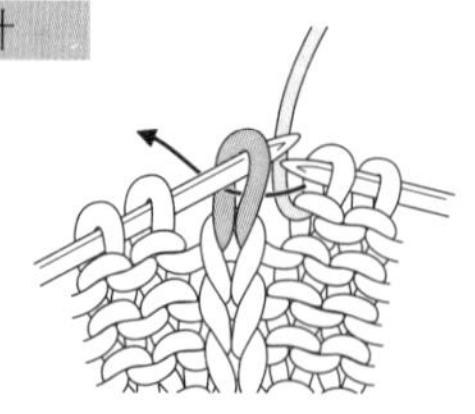

❶如箭头所示从针目后面将右棒针插入。

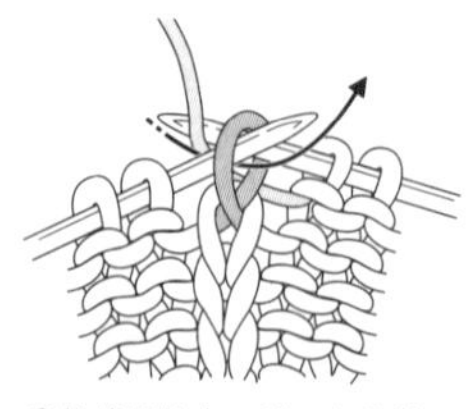

❷挂线并拉出。前一行的针目扭转了。

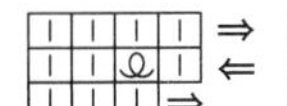

扭针加针（下针时）

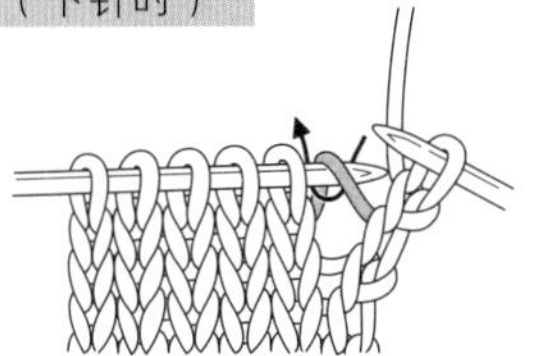

❶用左棒针挑起前一行的渡线，如图所示将右棒针插入。

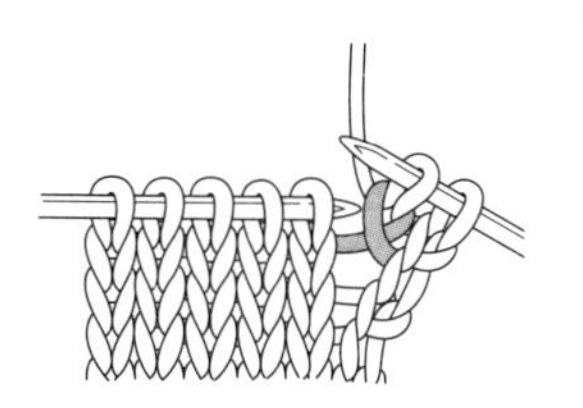

❷编织下针。前一行的针目扭转了，并多了1针。

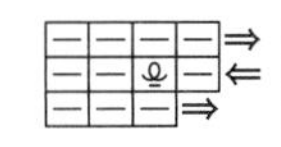

扭针加针（上针时）

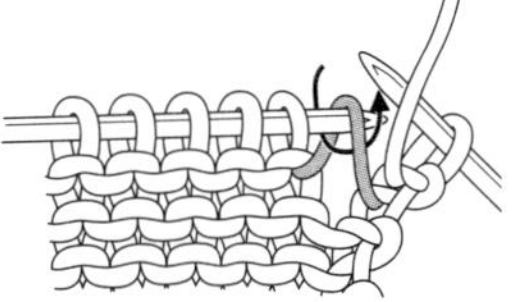

❶用左棒针挑起前一行的渡线，如图所示将右棒针插入。

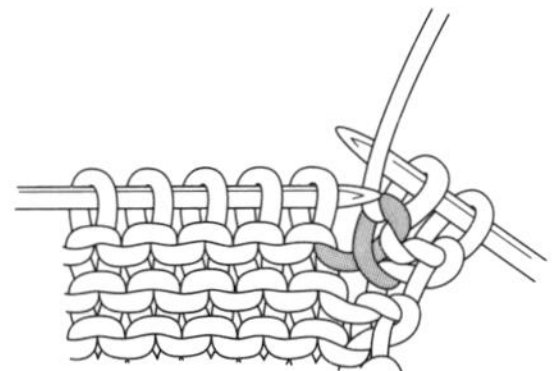

❷编织上针。前一行的针目扭转了，并多了1针。

挂针

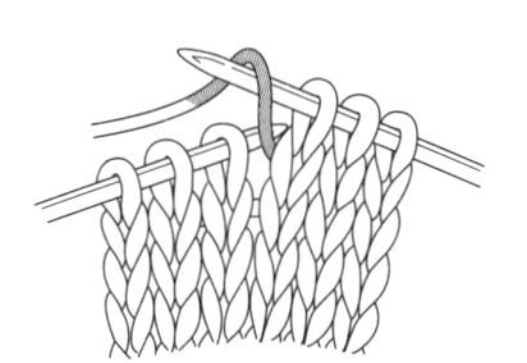

❶从前向后在右棒针上挂线。

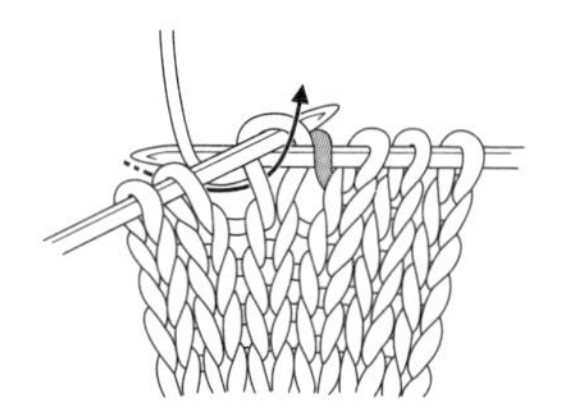

❷编织下一针。步骤❶挂的线就是挂针。

卷针加针

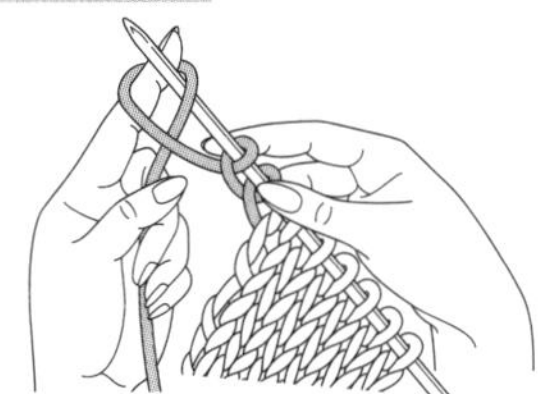

❶食指挂线，按照图示插入棒针，抽出食指。

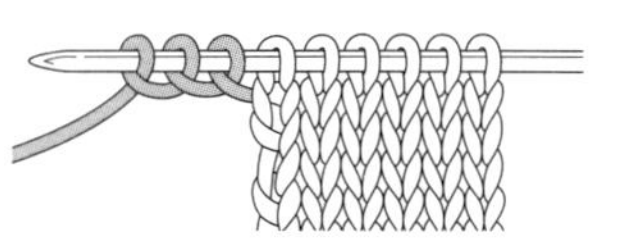

❷完成了3针卷针加针。编织下一行时，插入棒针时注意不要解开针目。

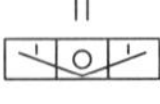

1针放3针下针的加针

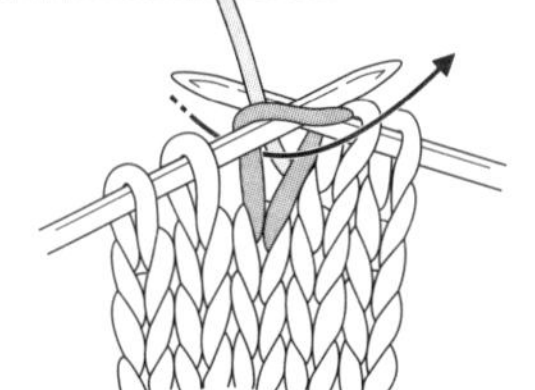

❶编织下针。

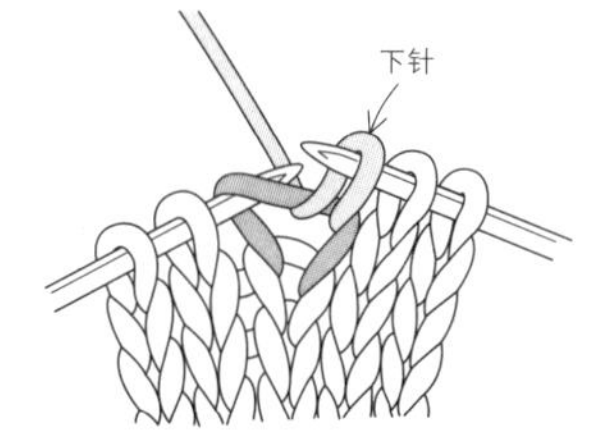

❷左棒针上挂的针目不取下。

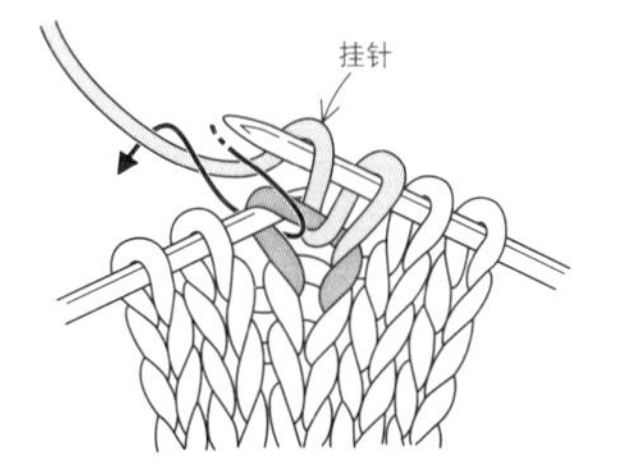

❸编织挂针，然后将右棒针插入同一个针目，再次编织下针。

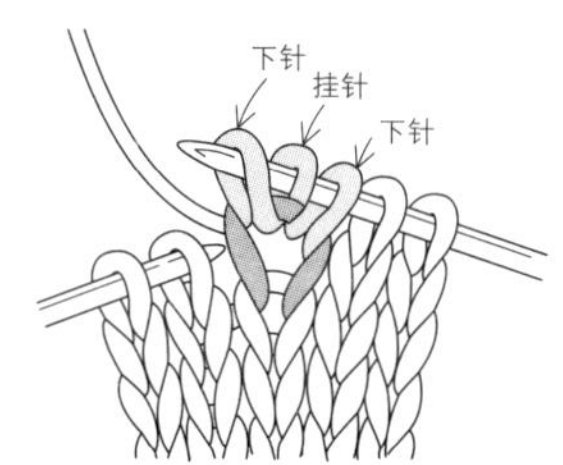

❹1针放3针下针的加针完成了。

下针的无缝缝合

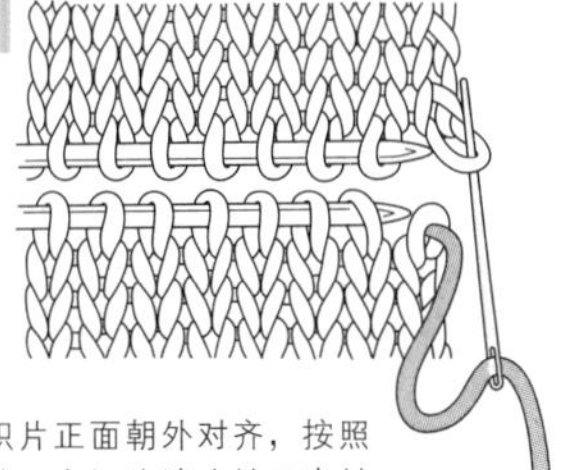

❶将织片正面朝外对齐，按照图示从下方织片端头针目出针后，从反面插入上方织片端头的针目。

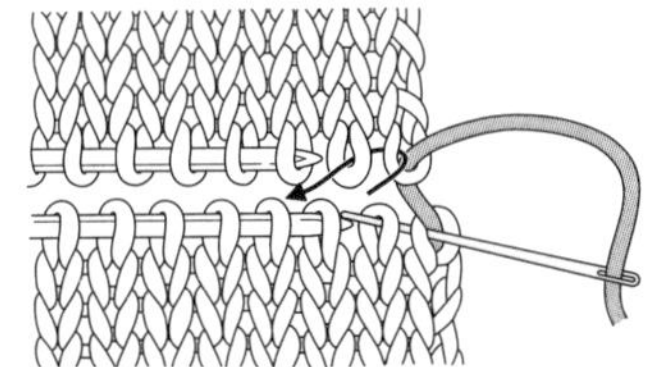

❷将毛线缝针插入下方织片的2个针目，然后插入上方织片的2个针目。

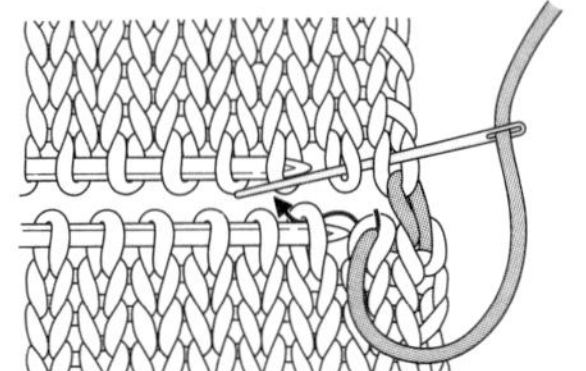

❸入针后，接着插入下方织片的2个针目（每个针目都被插入2次），重复此操作。

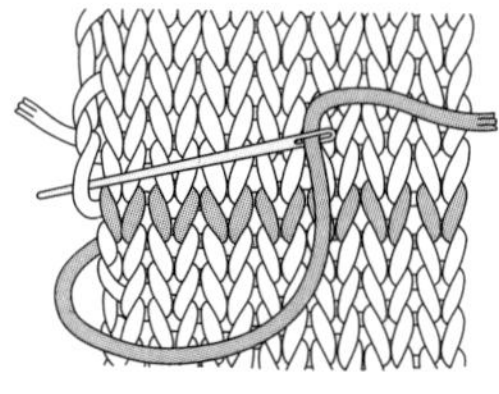

❹最后从正面插入上方织片的针目。织片错开半针。

卷针缝缝合

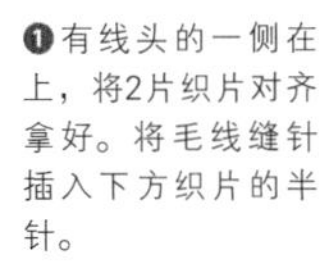

❶有线头的一侧在上，将2片织片对齐拿好。将毛线缝针插入下方织片的半针。

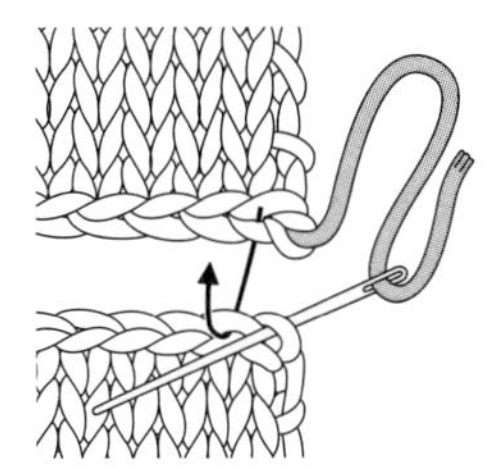

❷依次从上向下插入2片织片的外侧半针，将线拉好。

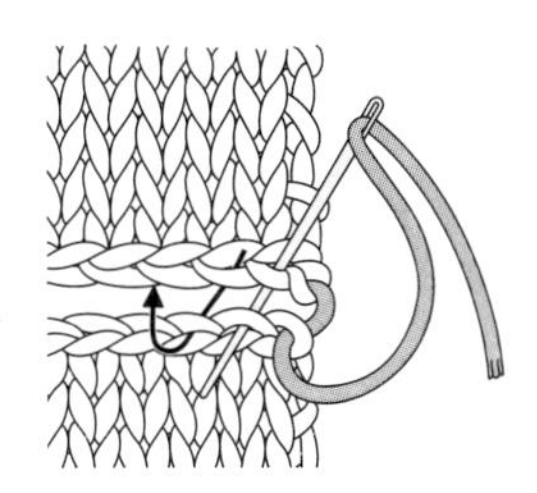

❸重复步骤❷，缝合到终点时也从上向下插入。

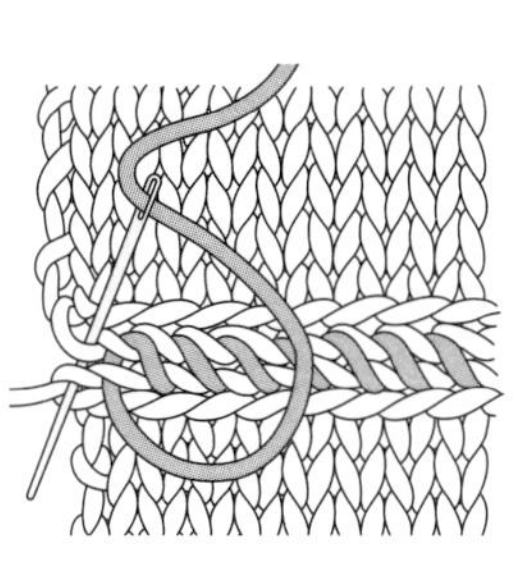

SUGIYAMA TOMO NO TEAMI KOMONO (NV70598)
Copyright © Tomo Sugiyama/NIHON VOGUE-SHA 2020
All rights reserved.
Photographers: Yukari Shirai, Akiko Ohshima
Original Japanese edition published in Japan by NIHON VOGUE Corp.
Simplified Chinese translation rights arranged with BEIJING BAOKU
INTERNATIONAL CULTURAL DEVELOPMENT Co., Ltd.

严禁复制和出售（无论商店还是网店等任何途径）本书中的作品。
版权所有，翻印必究
备案号：豫著许可备字-2021-A-0008

作者简介

杉山 朋

大学毕业后，曾在制造行业工作，后来开始作为编织设计师在杂志、图书上发表作品。致力于制作简明易懂的编织图，用心设计很久都不会过时的款式。另著有《杉山 朋的冬季编织》（日本世界文化社出版）。

图书在版编目（CIP）数据

杉山朋的手编小物 /（日）杉山朋著；如鱼得水译. —郑州：河南科学技术出版社，2023.3
ISBN 978-7-5725-1043-4

Ⅰ. ①杉… Ⅱ. ①杉… ②如… Ⅲ. ①手工编织-图集 Ⅳ. ①TS935.5-64

中国版本图书馆CIP数据核字（2022）第251287号

出版发行：河南科学技术出版社
地址：郑州市郑东新区祥盛街27号　邮编：450016
电话：（0371）65737028　65788613
网址：www.hnstp.cn
责任编辑：刘　欣　葛鹏程
责任校对：刘　瑞
封面设计：张　伟
责任印制：张艳芳
印　　刷：北京盛通印刷股份有限公司
经　　销：全国新华书店
开　　本：889 mm × 1 194 mm　1/16　印张：7.5　字数：200千字
版　　次：2023年3月第1版　2023年3月第1次印刷
定　　价：59.00元

如发现印、装质量问题，影响阅读，请与出版社联系并调换。